WILEY

计算机

科学与技术丛书

物联网

无线通信、物理层、网络层与底层驱动

[美]丹尼尔·周 ◎ 著　　李晶　孙茜 ◎ 译
Daniel Chew　　　　　Li Jing　Sun Qian

THE WIRELESS INTERNET OF THINGS
A GUIDE TO THE LOWER LAYERS

清華大学出版社

北京

北京市版权局著作权合同登记号　图字：01-2020-2327

The Wireless Internet of Things：A Guide to the Lower Layers
Daniel Chew
ISBN：978-1-119-26057-8
Copyright © 2019 by John Wiley & Sons, Limited. All rights reserved.
All Rights Reserved. Authorized translation from the English language edition published by
John Wiley & Sons Limited. Responsibility for the accuracy of the translation rests solely with
Tsinghua University Press Limited and is not the responsibility of John Wiley & Sons Limited.
No part of this book may be reproduced in any form without the written permission of the
original copyright holder, John Wiley & Sons Limited.

图书在版编目（CIP）数据

　　物联网：无线通信、物理层、网络层与底层驱动/〔美〕丹尼尔·周（Daniel Chew）著；
李晶，孙茜译. —北京：清华大学出版社，2021.3
　　（计算机科学与技术丛书）
　　书名原文：The Wireless Internet of Things：A Guide to the Lower Layers
　　ISBN 978-7-302-56076-0

　　Ⅰ. ①物… Ⅱ. ①丹… ②李… ③孙… Ⅲ. ①互联网络-应用 ②智能技术-应
用 Ⅳ. ①TP393.4 ②TP18

　　中国版本图书馆 CIP 数据核字（2020）第 139643 号

责任编辑：盛东亮　钟志芳
封面设计：吴　刚
责任校对：李建庄
责任印制：宋　林

出版发行：清华大学出版社
　　　　网　　址：http://www.tup.com.cn，http://www.wqbook.com
　　　　地　　址：北京清华大学学研大厦 A 座　邮　　编：100084
　　　　社 总 机：010-62770175　　　　　　　邮　　购：010-83470235
　　　　投稿与读者服务：010-62776969，c-service@tup.tsinghua.edu.cn
　　　　质量反馈：010-62772015，zhiliang@tup.tsinghua.edu.cn
　　　　课件下载：http://www.tup.com.cn,010-83470236
印 装 者：小森印刷霸州有限公司
经　　销：全国新华书店
开　　本：147mm×210mm　　印　张：6.5　　　字　　数：160 千字
版　　次：2021 年 4 月第 1 版　　　　　　印　　次：2021 年 4 月第 1 次印刷
印　　数：1～2000
定　　价：79.00 元

产品编号：083480-01

内 容 简 介

ABSTRACT

本书主要介绍了物联网(IoT)无线标准、无线通信理论及其应用。书中采用分层的方法深入分析了无线物联网的底层标准,并深入探讨了相关理论背景,如多址接入技术、误差校正等。本书遵循物联网协议栈的混合模型,从协议栈底层入手讲解,内容由浅入深,理论与实践相结合,以满足不同层次读者的需求。

本书可供数字信号处理(DSP)、网络实施和无线通信的各类工程师使用,同时适用于了解物联网技术并致力于开发新产品的企业家或技术爱好者,还可以作为各大院校物联网工程、通信工程等专业的参考教材。

译者序
FOREWORD

物联网是新一代信息技术的高度集成和综合应用,对新一轮产业变革和生态、经济、社会的可持续发展具有重要的意义。因其具有巨大增长潜能,已成为当今经济发展和科技创新的战略制高点。

目前,物联网技术已经广泛应用在农业生产中,通过在广大农村地区设立数据传感器,实时监控当地的土壤、降水量、气温变化等情况。物联网技术在城市管理中也得到了很好的应用,通过建立信息公开的平台、物联网监督服务体系和物联网安全防御制度等,并运用物联网先进的技术手段,加强对城市环保、交通运行、公共安全等领域的监督、管理。此外物联网技术在医疗、教育、电力系统、交通、物流等领域也有着广泛的应用。

本书主要介绍了物联网(IoT)无线标准、无线通信理论及其应用。书中采用分层的方法深入分析无线物联网的底层标准,并深入探讨相关理论背景,从物联网协议栈底层入手讲解,内容由浅入深,理论与实践相结合,以满足不同层次读者的需求。

本书由李晶、孙茜翻译,张争珍博士在本书翻译过程中给出了宝贵的意见和建议,在此表示感谢。对于本书的出版还要感谢清华大学出版社盛东亮老师和钟志芳老师,是他们的努力促成了本书的顺利出版与发行。

在本书翻译过程中，我们力求忠于原著，但由于译者技术和水平有限，书中难免存在不足，敬请读者批评指正。

译　者
2020 年 12 月

前言
PREFACE

尽管目前物联网市场是跨制造商和产品线的,且呈现碎片化,但物联网的未来在于互操作性。通过采用 IEEE 和其他技术标准,可以实现这种互操作性。

本书介绍了几种用于物联网(IoT)连接的无线标准及相关的无线通信理论,并详细介绍协议栈的物理层和媒体访问控制层,将要讨论的问题分解为较小的子问题,自下而上地描述无线物联网。

第 1 章首先介绍无线物联网的概念、相关背景及应用示例。这些应用促进了人们用无线物联网进行无线连接的需求。然后,介绍协议栈的概念,给出协议栈示例以及跨层功能分解的细微差别,以便可以将无线连接分解为具有特定功能的层。涉及物理层和媒体访问控制层的问题通常由独立的标准机构负责解决。最后,重点关注用于链路建立、信道接入、错误检测和调制的层,统一的底层模型包含三层:射频层、调制解调层和媒体访问控制层。

第 2 章概述物联网应用程序使用的几种流行的开放无线标准的物理层和媒体访问层。本章重点介绍由独立标准机构定义的开放标准,并介绍几种流行的无线物联网协议,以便将开放标准和读者较为熟悉的应用领域联系起来。这些协议包括蓝牙(以前称为 IEEE 802.15.1)、IEEE 802.15.4 和 ITU G.9959。本书重点介绍用于物联网的低功耗无线链路。同时,本章还简要地讨论了 Wi-Fi,因为 Wi-Fi 对许多物联网应用至关重要。由于 Wi-Fi 与一些标准的交互,Wi-Fi 在以后的章节中还会出现。本章可作为各种协议的快速参考指南。另外,本章还引入了在后续章节中探讨的各种概念,并告知读者在书中何处可以找到有关该主题的更多信息。

第 3 章专门讨论射频层,探讨了射频前端。物联网协议倾向软件定义的射频实现,同时也探索了多种射频硬件拓扑。本章回顾了链路预算的概念并通过示例进行介绍。另外,本章还介绍了同时存在大尺度衰落和小尺度衰落的复杂信道模型。

第 4 章重点讨论调制解调层,涵盖复包络信号模型、调制、解调、同步和扩频等概念。本章首先从背景理论和调制方案的选择两方面对开放标准中使用的线性调制和角度调制方案进行探索。然后讨论用于载波和符号恢复的同步技术。最后讨论无线物联网物理层中采用的各类扩频技术。

第 5 章介绍媒体访问控制层。本章首先详细介绍无线物联网标准通常采用的信道接入方案,例如 CSMA。然后介绍无线物联网标准中所使用的不同频段。特别介绍了 2.4 GHz 工业、科学和医疗频段及其拥塞情况。本章还讨论无线物联网标准中采用的各种干扰和干扰抑制技术。最后讨论错误检测和校正。

书中反复强调,没有一本书可以涵盖所有的无线系统设计技术。市面上有很多涉及从天线设计到符号同步等主题的图书。本书提供相关理论的背景材料、设计选择的分析以及大量引文,以帮助有兴趣的读者。本书每章都有参考文献列表,以便读者可以更深入地研究相关主题。

本书将提供与物联网平台的轻量级和低成本需求相关的实用参考标准,从而使物联网平台和应用程序开发人员从中受益。本书对涉及数字信号处理(DSP)、网络实施和无线通信的各类工程师很有用,同时对希望了解该技术并开发新产品的企业家或技术爱好者也有帮助。

丹尼尔·周(Daniel Chew)

致 谢
EXPRESS

非常感谢在本书编写过程中给予帮助的人。感谢 Jack Burbank 编辑和 Bill Kasch 编辑能够让我有机会去完成本书。感谢 Andrew Adams 和 Joseph Bruno 对本书初稿提出的宝贵意见。感谢 Ken McKeever 和 Ryan Mennecke 在专业知识领域为我提供的帮助。

同时,我也要感谢家人和朋友。没有他们,本书不可能出版。

最后,我要将本书献给我的妻子 Leona 和我的孩子 Marin、Everett 和 Theodore。

目 录
CONTENTS

第 1 章

物联网基础

本书是在作者研究用于实现"物联网"(Internet of Things, IoT)的无线连接时所积累的一些观察和实施经验的基础上编写的。无线通信工程师通常通过层的概念去研究物联网,故系统被分解成一系列叠加的功能层。以这种分层的方式研究物联网的各种无线链路,有助于实现各种标准间的互操作性。本书将从协议栈的分层视角探讨无线物联网的若干标准。以协议栈的方式组织本书内容将有助于读者更好地理解本书,希望读者能理解不同无线标准中的物联网的具体意义。

那么,什么是物联网?

1.1 什么是物联网

"物联网"一词早在 2000 年就已经被提出来了[1],指自主计算设备通过网络连接在一起执行各种任务。该术语由麻省理工学院自动识别中心的 Kevin Ashton 提出,最初是指通过互联网获取的射频识别(Radio Frequency Identifier,RFID)信息[2]。RFID 是一种通信技术,通过对对象进行标记,从而利用相应设备传输身份信息。RFID 可以实现自动识别和跟踪这些被标记的对象。这些信息可以通过自动化和互联的计算设备被感知、收集、解析并发布到互联网上。"物联网"一词从那时起就已经包含了比最初的 RFID 概念更多的应用和技术内容。

目前,有许多应用领域已经被纳入物联网的概念或者由物联网的概念衍生而来,包括家居自动化、医疗器械、工业控制、智能电网和分布式传感器网络以及其他领域。

物联网并非新概念、新技术或者新产品,而是通过有效的处理和互联实现的网络计算技术的自然演变。物联网是 Mark Weiser 所推广的"普适计算"概念的延伸[3-4]。近几十年来,计算能力的规模和成本一直在下降。这种规模和成本的下降导致了小型、廉价的嵌入式设备的产生,这也是传感器和一些接口应用的理想选择。再加上有线通信、地面蜂窝、卫星和本地无线通信技术等多样基础设施提供的易连接性,物联网的兴起是必然的结果。虽然构成物联网的所有技术都很重要,但是连通性,特别是无线连通性,才是构成物联网设备实施过程中最基本的组成部分。

图 1.1[5]说明了该技术在纵向和横向市场中的广泛应用。纵向市场满足特定消费者群体的需求,横向市场满足广泛消费者群体的需求。物联网利用普适计算和无线通信等技术,将对象从"传统的"转变为"智能的"。在图 1.1 中,这些智能对象被划为特定领域的应用(纵向市场),而网络计算服务则形成独立领域的服务(横向市场)。

这种网络计算服务有时被称为"云"。那什么是"云"呢? 对于这个问题,有一个很有趣的回答:"它不是真正的云,而是其他人的计算机"。

"云"是由服务提供商提供给终端消费者的计算和数据存储资源的集合。终端消费者通过互联网获取这些资源,计算和数据存储资源的集合在服务提供商和与之签订合同的大量终端消费者之间共享。

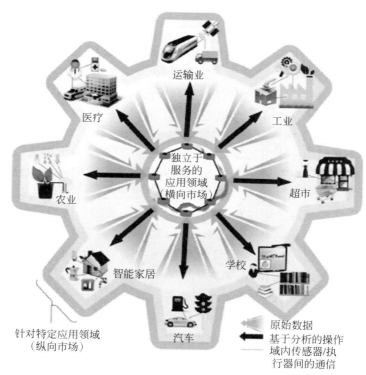

图 1.1　物联网在纵向和横向市场中的应用[5]

　　"云计算"是指从本地设备加载计算任务,并在一些功能更强大的远程设备上执行。本地设备请求远程的、更强大的"云"设备,"云"设备执行请求并将结果提供给直接与最终用户交互的本地设备。

　　无线物联网技术与"云"和"云计算"接口,可以为终端用户提供多种不同的应用。例如,某个终端用户可使用其智能手机访问云数据中心,云数据中心的数据由多个传感器的状态进行更新并上传。本例中,无线物联网设备形成了一个"设备网络",通过网关向服务器传递信息。终端用户可通过个人无线数据设备登录存储在远程服务器上的传感器数据存储库对上述信息进行访问。

尽管每个应用领域的具体实现方式可能有很大差异,但它们都依赖于远程监控、管理以及驱动分布式设备的能力。物联网技术已经实现了各种各样的应用,并且在不同的市场上部署,例如医疗保健和电网等。国际市场分析预测物联网应用将持续增长并对世界 GDP 有重大贡献[6]。

物联网中一个有趣的发展趋势是开发对个体的可用性,这也是一种低成本的副产品[7]。通过使用廉价的通用嵌入式处理设备,使设备和应用程序的开发不再局限于大型的开发公司。这样,一些应用的爱好者能够利用这些平台为自己独特的应用程序制造相应的设备。

但是显然,随着这一领域的发展,存在脆弱性和缺乏互操作性的风险。没有互操作性,则图 1.1 中的所有应用都无法实现。因此,物联网的未来也依赖于互操作性。互操作性使得连通成为可能,互操作性可通过使用由 IEEE 或其他公司开发的技术标准来实现。

下面将重点讨论物联网的无线技术以及相关标准。首先将详细解释什么是"无线物联网"。

1.2 什么是无线物联网

随着自主计算设备越来越多地执行与网络相关的任务,物联网的应用中,无线连接成为十分关键的技术。如图 1.2 所示[8],不同的应用程序都通过无线接入点接入互联网,这也说明了无线连接对物联网的重要性。

若没有网络设备,图 1.2 所示的许多应用领域是无法实现的。如果采用有线连接,则首先需要建立一个自动计算设备网络,然后

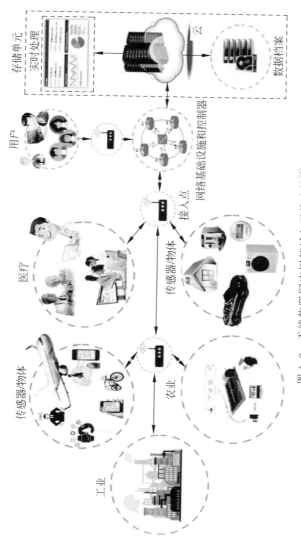

图 1.2 无线物联网应用领域与无线连接[8]

将这些设备接入云端。而无线连接具有有线连接无法比拟的部署优势。在许多应用领域,如果传感器不具备移动性,则无法正常工作。这些领域就需要无线连接。基于种种原因,无线连接是成功实现物联网的最为关键的技术之一。

本书的讨论范围将缩小至无线物联网,将重点关注无线连接,而不是基于云的服务和物联网应用的其他热点领域。

1.3　无线网络

组网技术对于无线物联网是十分重要的。不同的网络类型可满足不同的终端用户的需求。因此,无线网络虽然不是本书的重点,但有必要对各种类型的无线网络进行简要讨论,以便读者更好地理解后续章节中介绍的网络底层的功能。

1.3.1　网络拓扑结构

网络拓扑是指网络中节点的组织形式。无线物联网的常见拓扑结构是星状拓扑[9]。星状拓扑结构如图 1.3 所示。之所以称为星状拓扑,是因为所有网络传输都必须经过同一个点。如果要从一个节点向另一个节点传输数据,该数据必须通过星状拓扑的中心点再传输到另一个节点。在星状拓扑结构中,中心点充当无线物联网网络中所有其他节点的协调器。

无线物联网也可以组织成网状拓扑结构[9],这种结构有时也称为"对等"网。网状拓扑结构如图 1.4 所示。网络中的节点可以建立到网络范围内任何其他节点的连接。为表示清楚,图 1.4 只标明了节点 1 和节点 3 的无线通信范围。为了将数据从一个节点传输到另一个节点,必须在节点之间建立路由。在图 1.4 中,节点 1 只能和节点 2 通信;节点 2 可以和节点 1、节点 3 和节点 5 通信;节点 3 可以和节点 2 和节点 4 通信。如果节点 1 的数据需要向节

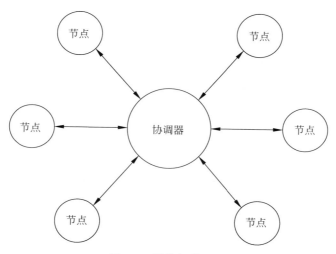

图 1.3 星状拓扑结构

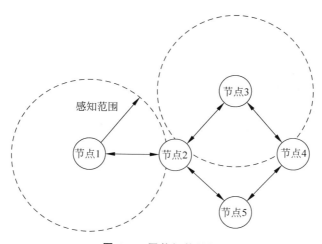

图 1.4 网状拓扑结构

点 4 传输,则数据必须经由节点 2,然后再由节点 3 或者节点 5 向节点 4 发送。

与图 1.3 所示的星状拓扑结构对比,图 1.4 中网状拓扑结构更加复杂。星状拓扑要求其协调节点与所有下级节点保持连通。网状拓扑可以形成更灵活的网络结构,但需要为节点通信设计好路由。可以通过无线物联网的协议栈为其节点间的通信建立路由。路由算法超出了本书的讨论范围,在此不再赘述。

1.3.2　网络类型

除了网络的拓扑结构外,还有用于不同应用领域的网络类型。例如,局域网(Local Area Network,LAN)可用于某个建筑物或校园[10]网络。广域网(Wide Area Network,WAN)则可应用于整个国家或大陆[10]。互联网是一种典型的广域网。本地的无线互联网连接,例如家庭使用的 Wi-Fi 路由器,则称为无线局域网(Wireless LAN,WLAN)。无线路由器则为家中所有的计算机提供一个"网关",以便访问互联网。如图 1.5 所示,一些个人计算机或智能手机接入无线局域网,然后通过 Wi-Fi 路由器接入互联网。

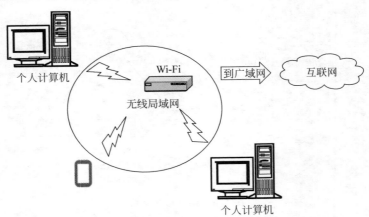

图 1.5　无线局域网通过网关访问广域网

无线个人局域网（WPAN）是用户个人设备之间的数据传输形成的网络。因此，无线个人局域网比无线局域网的规模小。如图1.6所示，无线个人局域网形成一个星状网络，智能手机则作为中心节点起到协调器的作用。图1.6说明了用户的智能手机和相关外设（例如无线耳机）是如何通过蓝牙连接形成无线个人局域网的[11]。

图1.6　无线个人局域网

网关在许多物联网应用领域中扮演着十分重要的角色。图1.7和图1.8分别以星状拓扑和网状拓扑解释了网关的概念。

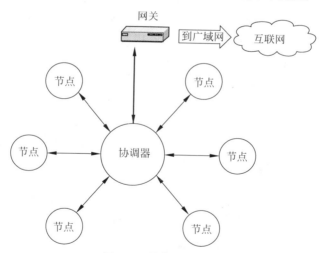

图1.7　星状设备网络

如图1.7所示，无线设备节点通过星状网络与协调器节点相连，协调器节点访问Wi-Fi路由器向云服务器传送数据。这个Wi-Fi路由器即"网关"。来自设备网络的数据首先传送至协调器节点，然后经由网关发往互联网。

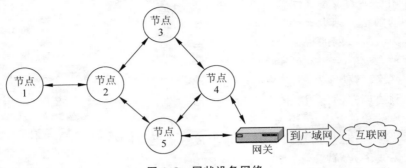

图 1.8　网状设备网络

图 1.8 中，节点配置为网状拓扑结构，并与互联网相连。最远端的节点 1 需通过路由到达网关，进而向互联网传送数据。

文献[12]给出了网状网络的应用案例。如图 1.9 所示，该案例设计了用于跟踪牛的位置和健康状况的无线设备（传感器）网络。节点 1 作为协调器节点，安装了多种传感器及两个收发器。协调器节点作为设备网络和无线局域网之间的桥梁，在它们之间传递数据。网络中的其他节点则包括多种传感器和一个收发器。该收发器使用低功率通信协议 ZigBee 向协调器节点传送数据。

图 1.9　农业应用领域中的网状设备网络[12]

网络中的设备节点使用电池供电,这意味着这些设备必须具有低功耗以延长网络的生命周期。在无线传感器网络以及无线物联网中,低功耗是一个基本要求。本书将重点介绍无线物联网中低功耗设备之间无线链路的标准。

1.4　无线标准在物联网中的作用

无线标准规定了共享无线链路的特性,例如调制方案、工作频带和数据速率等。在无线链路中采用一套标准使得不同供应商创建的设备之间能够实现互操作性。

标准化的无线协议为设备间的互操作性提供了可能,使得数据可以在物联网内的远程节点和计算设备间进行交换。无线物联网设备符合某一标准,则该设备可加入由该协议标准定义的物联网。

设备间的互操作性取决于其是否符合该无线标准。标准的编写方式应确保可以对网络进行一致性测试。本书的主要目标之一是阐明与物联网有关的无线标准,本书将无线物联网标准称为“协议栈”。因此,本书首先介绍无线物联网的理论背景,然后将各部分整合在一起,详细介绍最常见的几种无线物联网协议。

1.5　协议栈

“协议栈”是一系列的处理层,每一层“叠加”在另一层之上。图 1.10 解释了协议栈的概念。图 1.10 中,中间层被标记为“第 N 层”,其上方和下方的层分别被标记为“第 N ＋ 1 层”和“第 N － 1 层”。这是为了展示数据处理过程中各层的顺序性。接收到的数据来自物理媒介,并由低到高,由各层依次处理。较高的层再将数据向下发送到较低的层,以便通过物理媒介进行传输。

大多数通信系统,包括无线物联网协议,都被组织成一个协议

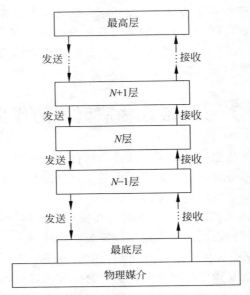

图 1.10 协议栈示例

栈[13]。分层架构为分解通信系统中的各种功能提供了很好的方法。

下面将讨论两个最著名的协议栈：开放系统互连参考模型和TCP/IP 参考模型。

1.5.1 开放系统互连参考模型

最常见的协议栈之一是由国际标准化组织（International Standardization Organization，ISO）定义的七层开放系统互连（Open Systems Interconnection，OSI）参考模型[14]。该模型如图 1.11 所示，通常作为学习其他协议栈的基础。

七层 OSI 参考模型中的每一层都具有特定的功能，具体如下：

（1）应用层：最终生成和使用数据的过程。

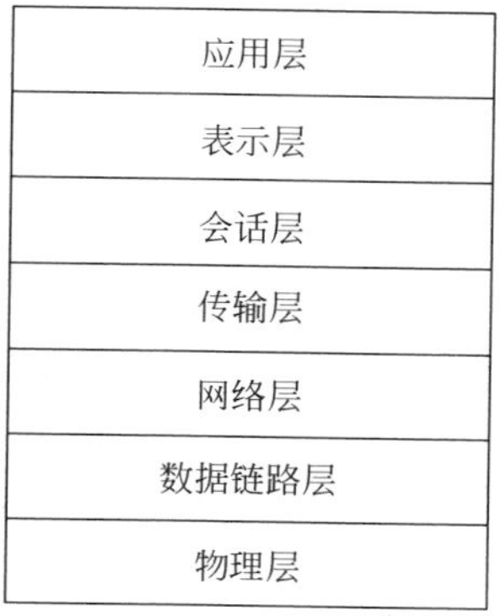

应用层
表示层
会话层
传输层
网络层
数据链路层
物理层

图 1.11 七层 OSI 参考模型

（2）表示层：通过结构化数据为应用程序流程提供独立性。

（3）会话层：提供跨网络通信的应用程序进程之间的控制和同步（例如启动"会话"和结束"会话"）。

（4）传输层：封装数据，对数据进行排序，并处理面向连接或无连接的传输。

（5）网络层：通过网络传送数据。

（6）数据链路层：控制对物理媒介的访问，纠正接收数据中的错误。

（7）物理层：通过物理媒介传输和接收数据。

1.5.2 TCP/IP 参考模型

TCP/IP 参考模型是互联网采用的协议栈。虽然 OSI 参考模型在学术研究中应用广泛，并且是其他协议栈的共同的参考模型，但在实际应用中并没有得到普及。OSI 参考模型和 TCP/IP 参考模型为能成为互联网协议栈竞争了多年[15-16]。从多年的研究成果看，TCP/IP 参考模型更胜一筹。

TCP/IP 参考模型如图 1.12 所示[17]。系统 A 和系统 B 通过相关层之间的数据传输与处理进行交互。

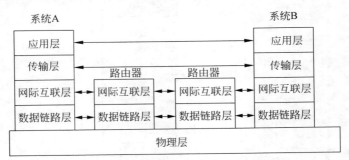

图 1.12　具备路由功能的 TCP/IP 参考模型

网络中系统 A 和系统 B 之间的路由器由两部分协议栈分别体现。路由器不需要解析整个协议栈,只需要在系统 A 和系统 B 之间传递数据包。

TCP/IP 四层协议栈模型中的每一层都有相应的功能具体如下:

(1) 应用层:最终生成和使用数据的过程。

(2) 传输层:封装数据,对数据进行排序,并处理面向连接或无连接的传输。

(3) 网络层:通过网络传送数据。

(4) 数据链路层:控制对物理媒介的访问,纠正接收数据中的错误,通过物理媒介传输和接收数据。

如图 1.13 所示,TCP/IP 参考模型和 OSI 参考模型的层可相互映射。可以看出,TCP/IP 参考模型比 OSI 参考模型简单得多。OSI 参考模型中的表示层和会话层的功能与 TCP/IP 参考模型中的应用层相对应。

图 1.13 表明不同协议栈之间存在相同的功能。这些栈通常可以相互映射或转换,这使得不同应用中不同协议栈的通用概念可进行抽象和讨论。

应用层	应用层
表示层	
会话层	
传输层	传输层
网络层	网际互联层
数据链路层	链路层
物理层	

图 1.13 TCP/IP 参考模型与 OSI 参考模型的映射关系

1.5.3 IEEE 802 参考模型

IEEE 发布了一系列关于个人局域网、局域网和城域网的标准,即 IEEE 802 的一系列标准。这些协议栈的参考模型源自 OSI 模型,与 OSI 模型的映射关系如图 1.14 所示。IEEE 802 标准只定义了物理层和数据链路层。数据链路层分为两个子层:媒体访问层和逻辑链路控制层。上层的定义由其他标准提供。

所有 IEEE 802 标准的逻辑链路控制(Logical Link Control, LLC)层均由 IEEE 802.2 标准定义。这些标准之间的关系如图 1.15 所示。简单起见,图 1.15 中只展示了 IEEE 802.3(以太网标准)、IEEE 802.15.4、IEEE 802.15.1(蓝牙标准)和 Wi-Fi (IEEE 802.11),这些不同的逻辑链路控制层均由 IEEE 802.2 标准定义。

物理(PHY)层和媒体访问控制(Media Access Control,MAC)层是为每个不同的标准定义的。因此,需特别关注物理层和媒体访问控制层。

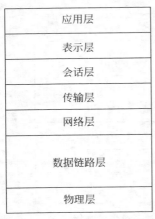
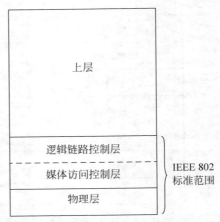

图 1.14 IEEE 802 参考模型

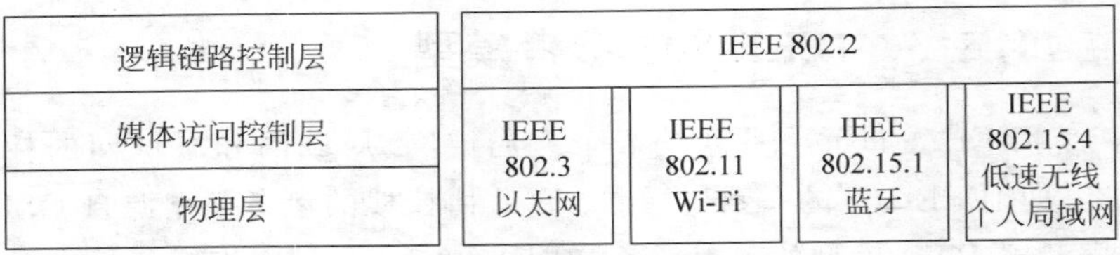

图 1.15 IEEE 802 中各标准之间的关系

1.5.4 物联网的分层模型

分层模型也可用于描述无线链路以外的系统。许多论文都采用分层模型来抽象和描述物联网。这种分层模型涵盖了所有物联网，从小型传感设备到无线协议再到云操作。以往的文献中使用几种不同的分层模型来描述物联网的架构。其中，应用最广泛的是三层模型[18-20]，如图 1.16 所示。

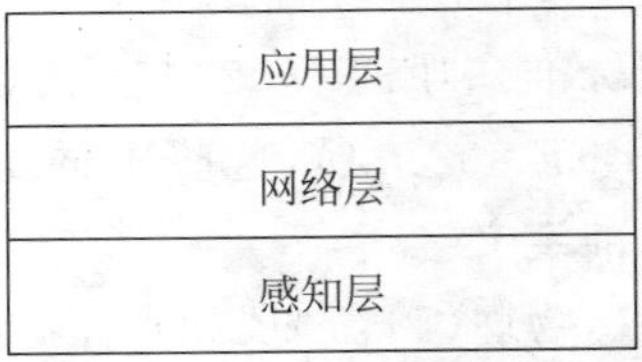

图 1.16 无线传感器网络的
三层模型

感知层之所以得名,是因为该层负责收集信息。该层处理连接到无线物联网链路的所有传感器信息。采集到的数据可以来自与应用相关的任何来源,从用于安全系统的振动传感器到农业应用中用于收集土壤条件数据的传感器。

网络层用于处理数据的传输。网络层包含本书将要讨论的大部分内容。传感器和网络协调器之间的无线链路的操作都由本层进行处理。网络节点之间的路由功能也由本层处理。该层将信息收集到网关,然后发送到远程服务器。

应用层处理所需完成的程序。该层处理用户界面以及协议栈顶层的决议。应用层可能存在于"云端"。

启用设备网络的无线链路的操作由网络层完成。本书将重点介绍无线互操作性。

1.6 无线物联网协议简介

本书将深入探讨无线物联网底层的概念,首先具体探讨如下标准或协议:

(1) IEEE 802.15.4;

(2) 蓝牙(之前的协议标准为 IEEE 802.15.1);

(3) ITU-T G.9559。

IEEE 802.15.4 为低速无线个人局域网提供了物理层和媒体访问控制层标准。无线物联网协议使用其中的物理层和媒体访问控制层的子层。蓝牙标准由蓝牙特别兴趣小组(Special Interest Group,SIG)维护。蓝牙、物理层和媒体访问控制层的底层协议曾经被标准化为 IEEE 802.15.1。目前,这些底层协议仍由蓝牙 SIG维护。

ITU-T G.9959 为短程窄带数字无线电通信收发器的物理层和媒体访问控制层提供了一个标准。无线物联网的 Z-Wave 协议使用

ITU-T G.9959 标准作为底层协议,上层协议由 Z-Wave 联盟维护。

每个协议都有一个栈,这些栈有许多共同的特性。通常,下两层(物理层和媒体访问控制层)由标准机构维护,而上层主要由行业联盟维护。开发人员可能无法免费使用这些无线物联网协议的某些上层技术细节。因此,必须在发布上层信息或使用上层开发解决方案之前联系特定的行业联盟进行确认。

Wi-Fi 也遵循 IEEE 802.11 标准。本书重点介绍低功耗无线物联网协议的标准及物联网设备及它们之间的无线协议,而 Wi-Fi 不符合这一标准,故在此不做有关 Wi-Fi 的详细讨论。但 Wi-Fi 在无线物联网中发挥着重要作用,因此有必要进行一些简单讨论。

1.7　本书章节安排

第 1 章主要介绍物联网的基本概念、应用领域以及相关的无线标准。

第 2 章将介绍 1.6 节中定义的协议的背景和业务信息。本书第 3 章至第 5 章将采用分层的方法深入分析无线物联网的底层标准。因此,本书的讲解将遵循物联网协议栈的混合模型,从协议栈底层入手。

第 2 章介绍的无线物联网协议栈可以在 1.5 节模型的基础上进行简化,如图 1.17 所示。本书只讨论两个协议层:物理层和媒体访问控制层。

物理层分为两个子层:射频层和调制解调层。这两个子层将分别在第 3 章和第 4 章中介绍。

射频层将物理层接口封装为频谱。第 3 章将介绍相关无线标准中的理论和技术,例如射频硬件及信道效应。

调制解调层使用调制解调算法进行比特流与波形之间的转换。第 4 章将介绍调制、解调以及扩频等概念。

图 1.17 简化的协议栈模型

第 5 章将介绍媒体访问控制层。媒体访问控制是指对接入物理层的资源进行管理和控制。在 OSI 参考模型中，媒体访问控制层作为数据链路层的一个子层，IEEE 802 标准同样将媒体访问控制层定义为一个子层。在介绍 IEEE 802 标准的相关文献中，媒体访问控制子层通常被简化为媒体访问控制层。其他一些协议，例如 Z-Wave 协议专门描述了其标准中的媒体访问控制层。

协议栈的上层需要将数据传送给媒体访问控制层，进而可以管理传输参数。媒体访问控制层管理数据的接收，并将数据完整地封装后传送给上层。媒体访问控制层负责协调系统中节点之间的访问。扩频技术通常在物理层中进行讨论。但是，扩频技术也很有必要在上层标准中进行讨论。

媒体访问控制层对无线物联网来说是非常重要的，因为它控制对物理媒介的访问。第 5 章将深入探讨相关理论背景，例如多址接入技术、错误校正等。

参考文献[①]

1 F. Mattern and C. Floerkemeier, "From the Internet of Computers to the Internet of Things," in *From Active Data Management to Event-Based Systems and More*. Berlin, Heidelberg: Springer, 2010, pp. 242–259.

---

① 参考文献格式遵照英文原书，全书同此，不再赘述。

2 C. R. Schoenberger. (2002, Mar. 18). The internet of things. *Forbes* [Online]. Available: https://www.ieee.org/content/dam/ieee-org/ieee/web/org/conferences/style_references_manual.pdf.

3 M. Weiser, "The computer for the 21st century," *Sci. Am.*, vol. 265, no. 9, pp. 66–75, 1991.

4 M. Weiser, R. Gold, and J. S. Brown, "The origins of ubiquitous computing research at PARC in the late 1980s," *IBM Syst. J.*, vol. 38, no. 4, pp. 693–696, 1999.

5 A. Al-Fuqaha, M. Guizani, M. Mohammadi, M. Aledhari, and M. Ayyash, "Internet of Things: A survey on enabling technologies, protocols and applications," *IEEE Commun. Surveys Tuts.*, vol. 17, no. 4, pp. 2347–2376, 2015.

6 L. Yang, C. Yao, T. Nguyen, S. Gurumani, K. Rupnow, and D. Chen, "System-level design solutions: Enabling the IoT explosion," in *2015 IEEE 11th Int. Conf. ASIC (ASICON)*, Chengdu, China, Nov. 2015, pp. 1–4.

7 K. J. Singh and D. S. Kapoor, "Create your own Internet of Things: A survey of IoT platforms," *IEEE Consum. Electron. Mag.*, vol. 6, no. 2, pp. 57–68, 2017.

8 L. Farhan, S. T. Shukur, A. E. Alissa, M. Alrweg, U. Raza, and R. Kharel, "A survey on the challenge and opportunities of the Internet of Things (IoT)," in *2017 IEEE 11th Int. Conf. Sens. Technol. (ICST)*, Sydney, Australia, Dec. 2017, pp. 1–5.

9 J. Misic and V. Misic, *Wireless Personal Area Networks: Performance, Interconnections and Security with IEEE 802.15.4*. West Sussex: John Wiley & Sons Ltd., 2008.

10 A. S. Tanenbaum, *Computer Networks*. Upper Saddle River: Prentice Hall, 2003.

11 P. Johansson, M. Kazantz, and M. Gerla, "Bluetooth: An enabler for personal area networking," *IEEE Netw.*, vol. 15, no. 5, pp. 28–37, 2001.

12 P. K. M. Nkwari, S. Rimer, B. S. Paul, and H. Ferreira, "Heterogeneous wireless network based on Wi-Fi and ZigBee for cattle monitoring," in *IEEE IST-Africa Conf.*, Lilongwe, Malawi, May 2015, pp. 1–9.

13 M. R. Palattella, M. Accettura, X. Vilajosana, T. Watteyne, L. A. Grieco, G. Boggia, and M. Dohler, "Standardized protocol stack for the Internet of (important) Things," *IEEE Commun. Surveys Tuts.*, vol. 15, no. 3, pp. 1389–1406, 2013.

14 H. Zimmerman, "OSI reference model—The ISO model of architecture for open systems interconnection," *IEEE Trans. Commun.*, vol. 28, no. 4, pp. 425–432, 1980.

15 A. L. Russell, "The internet that wasn't," *IEEE Spectr.*, vol. 50, no. 8, pp. 39–43, 2013.

16 D. Meyer and G. Zobrist, "TCP/IP versus OSI," *IEEE Potentials*, vol. 9, no. 1, pp. 16–19, 1990.

17 R. Braden, "RFC1122: Requirements for Internet hosts – communication layers," The Internet Engineering Task Force, 1989.

18 L. Dan, S. Jianmei, Y. Yang, and X. Jianqiu, "Precise agricultural greenhouses based on the IoT and fuzzy control," in *IEEE Int. Conf. Intell. Transp. Big Data Smart City (ICITBS)*, Changsha, China, Dec. 2016, pp. 580–583.

19 M. Wu, T.-J. Lu, F.-Y. Ling, J. Sun, and H.-Y. Du, "Research on the architecture of Internet of Things," in *IEEE 3rd Int. Conf. Adv. Comput. Theory Eng. (ICACTE)*, Chengdu, China, Aug. 2010, pp. V5-484–V5-487.

20 M. Frustaci, P. Pace, and G. Aloi, "Securing the IoT world: Issues and perspectives," in *IEEE Conf. Stan. for Commun. Netw. (CSCN)*, Helsinki, Finland, Sep. 2017, pp. 246–251.

第 2 章 无线物联网协议

CHAPTER 2

目前涵盖物联网应用的无线物联网协议有多种,为什么不将这些协议进行统一,使之适用于所有场合呢?

随着物联网应用数量的增长,无线技术也出现了新的机遇。每一个机遇的出现都为无线链路提供了一个新市场。新的无线物联网协议也随之被开发出来以满足新的需求。

全世界研究者一直致力于实现无线物联网协议的标准化。开发了不同无线物联网协议组件的行业组织与独立标准机构(例如IEEE)的合作也更加频繁,面向新的开发人员开放协议标准,从而使无线物联网标准具有被中立方维护的好处。

本书涉及的许多协议都是由某个供应商或针对某个特定应用程序开发的。例如,蓝牙最初是由爱立信公司开发的,旨在为移动电话和辅助设备之间的无线连接提供一种技术手段[1]。这是一个非常具体的应用领域。早在 IEEE 802.15.1 标准出现之前,人们就已经有了开发蓝牙的想法,并最终将其实现,成为一个公开标准。这并非巧合,开放标准能允许更多的制造商参与市场,而他们的参与将扩大该应用的市场。可以预测,随着时间的推移,标准会不断地发展以适应新市场的新需求。

本章将重点介绍下面几种无线物联网底层协议或标准,分别是:

（1）蓝牙（旧称 IEEE 802.15.1）；

（2）IEEE 802.15.4；

（3）ITU G.9959；

（4）Z-Wave；

（5）ZigBee；

（6）Thread。

这些是比较常见的无线物联网协议，每一种协议都能满足物联网应用中不断增长的需求。这些协议主要针对无线个人局域网和无线传感器网络相关的无线设备，因为无线局域网与无线设备进行交互。本章将介绍这些协议和无线局域网标准 IEEE 802.11（通常称为 Wi-Fi）的背景知识。

2.1 蓝牙

1994 年，爱立信公司希望开发一种新的无线链路，便于爱立信手机和相关辅助设备之间进行无线通信[1]。当时，IEEE 尚未制定个人局域网的标准。爱立信公司与 IBM、英特尔、诺基亚和东芝合作创建了一个蓝牙 SIG，由蓝牙 SIG 着手开发所需的无线标准。1999 年，蓝牙 SIG 发布了蓝牙 1.0 的详细标准。2002 年，IEEE 802.15 标准委员会批准了基于蓝牙 1.0 的无线个人局域网标准 IEEE 802.15.1[2]。该标准即后来的 IEEE 802.15.1—2002 标准。图 2.1 为该协议栈的示意图。IEEE 802.15.1—2002 为物理层和媒体访问控制层提供了标准，IEEE 802.2 为逻辑链路层提供了标准，而更高层的标准则由蓝牙 SIG 规定。与其他无线物联网协议非常相似，物理层和媒体访问控制层由开放标准定义。该发展阶段的蓝牙标准称为"经典蓝牙"。

如图 2.1 所示，蓝牙协议在 IEEE 802.15.1—2002 标准和更高层之间有多个服务访问点（Service Access Point，SAP）。蓝牙的

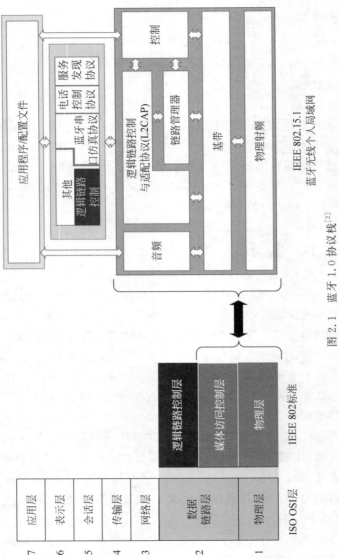

图 2.1 蓝牙 1.0 协议栈[2]

底层协议用于服务许多应用,由各种 SAP 为其提供数据的高层功能不在本书的讨论范围。

图 2.2 显示的三个最低层分别是射频层、基带层和链路管理层。这些层分别对应 OSI 协议栈中的第 1 层和第 2 层。

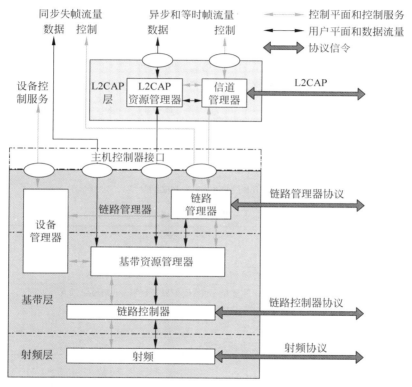

图 2.2　蓝牙 1.0 协议栈的底层[2]

（1）射频层是物理层,负责确定收发机和调制请求。

（2）基带层负责前向纠错、循环冗余校验和自动重传请求。

（3）链路管理层负责无线链路的管理,包括功率控制、连接的建立和管理、认证以及其他管理功能。

如图 2.2 所示,底层通过主机控制器接口(Host Controller Interface, HCI)与上层联系。常见的蓝牙设备架构如图 2.3 所示,包括用于底层射频功能的蓝牙控制器和用于上层处理的主机。

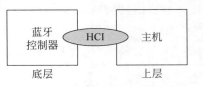

图 2.3　蓝牙设备架构

蓝牙协议也在不断发展,发展为标准 IEEE 802.15.1—2005,增加了自适应跳频(Adaptive Frequency-Hopping, AFH)扩频等功能[3]。2005 年修订以后,IEEE 不再负责维护该标准,该任务交给了蓝牙 SIG。后来发布的蓝牙 2.0 提供了增强数据速率(Enhanced Data Rate, EDR)。原始蓝牙速率被定义为蓝牙基本速率(Basic Rate, BR)。蓝牙 4.0 引入蓝牙低功耗(Low Energy)版本,简称为蓝牙 LE 或 BLE。表 2.1 概述了过去二十年来发布的蓝牙核心标准版本[4]。

表 2.1　蓝牙版本及说明[4]

蓝 牙 版 本	说　　　明
1.1	"经典蓝牙"
2.0	增加了增强数据速率
3.0	增加了可选的 MAC/PHY(Alternative MAC/PHY, AMP),通过 Wi-Fi 实现高速传输(IEEE 802.11)
4.0	低能耗蓝牙
5.0	增强型低功耗蓝牙

无线物联网非常关注蓝牙协议的低功耗实现[5]。低功耗蓝牙被作为"智能蓝牙"进行销售。低功耗的蓝牙协议与标准协议栈略有不同,低功耗蓝牙旨在节省无线传感器和其他设备所需的能源。低功耗蓝牙的底层结构如图 2.4 所示。物理层替代了图 2.2 中的射频层和基带层。链路层替代了图 2.2 中的链路管理层。上层协议和底层协议之间仍然通过 HCI 进行交互。

图 2.4 低功耗蓝牙底层

2.1.1 发射机和接收机

蓝牙能识别蓝牙发射机的不同"等级",这些等级对发射功率有限制。表 2.2 列出了各种功率等级。

表 2.2 蓝牙的功率等级[4]

功 率 等 级	最大发射功率/mW	最小发射功率/mW
1	100	1
2	2.5	0.25
3	1	—

低功耗蓝牙设备的发射功率范围为 0.01~100 mW,如表 2.3 所示。

表 2.3 低功耗蓝牙的功率等级[4]

功 率 等 级	最大发射功率/mW	最小发射功率/mW
1	100	1
1.5	10	0.01
2	2.5	0.01
3	1	0.01

蓝牙标准规定接收机的参考灵敏度为 -70 dBm。该标准定义接收机灵敏度为接收机处的信号强度(功率)。该标准要求接收机

的误比特率（Bit Error Rate，BER）为 1000 bit 数据中最多出现
1 bit 错误。

蓝牙设备可以动态地改变功率，并且可通过外部命令实现。

功率值可用于计算链路预算和链路余量，这部分内容将在
第 3 章讨论。

2.1.2　频道

蓝牙仅在 2.4 GHz 的工业、科学和医疗频段运行，该频段在国
际上被指定用于未授权的操作。这部分内容将在第 5 章具体
讨论。

蓝牙 BR/EDR 使用 79 个信道，间隔 1 MHz。低功耗蓝牙使
用间隔 2 MHz 的 40 个信道。

蓝牙在这些定义的信道上使用跳频技术。因此，蓝牙的信道
化不是频率信道规划，而是跳频规划。第 4 章和第 5 章将介绍跳频
和扩频技术。

2.1.3　典型工作范围

无线系统的工作范围取决于许多因素。第 3 章将介绍链路预
算，这是计算给定环境中的无线系统工作范围所必需的。无线系
统的工作范围取决于发射机功率（如表 2.2 所示）。发射机功率是
可变的，取决于蓝牙设备的"级别"。在此基础上，蓝牙可提供 1～
100 m 的典型工作范围[6]，该范围是无线系统预期的工作范围。

低功耗蓝牙只能进行循环冗余校验。蓝牙 5.0 的核心规范为
低功耗蓝牙增加了一项称为"LE 编码"的功能，这为低功耗蓝牙增
加了前向纠错功能。前向纠错功能的增加降低了数据传输速率，
也降低了系统的误比特率，同时扩展了频率范围（扩频）。如果不
分析系统的使用环境，则无法获得扩频的精确值。许多应用以牺
牲数据传输速率为代价来扩展频率范围。

2.1.4 访问和扩频

蓝牙利用跳频进行扩频。第4章和第5章会分别介绍跳频和扩频技术。时分双工用于蓝牙 BR/EDR 中的双向通信,将在第5章中介绍。

低功耗蓝牙改变了该模式。低功耗蓝牙在连接中的两个节点之间进行时分双工通信;但是,低功耗蓝牙的从属节点不共享物理信道。2.1.7 小节将对此进行更详细的介绍。

2.1.5 调制和数据速率

蓝牙使用的调制方案如表 2.4 所示。调制类型主要有如下几种。

表 2.4 蓝牙调制方案

蓝 牙 类 型	调 制 类 型	数据速率/Mb/s
蓝牙 BR	GFSK	1
蓝牙 EDR	GFSK,$\pi/4$-DQPSK,8DPSK	3
低功耗蓝牙	GMSK	1
低功耗蓝牙(可选)	GMSK	2

(1) 高斯频移键控(Gaussian Frequency-Shift Keying, GFSK),将在第4章中讨论。所有场景下的带宽时间乘积均为 0.5。

(2) 高斯最小频移键控(Gaussian Minimum-Shift Keying, GMSK),将在第4章中讨论。

(3) $\pi/4$ 差分正交相移键控(Differential Quadrature Phase-Shift Keying,DQPSK)简称 $\pi/4$-DQPSK,将在第4章中详细讨论。

(4) 八分相移键控(Differential Phase-Shift Keying,DPSK)简称 8DPSK,将在第4章中讨论。

GFSK 频率偏差如表 2.5 所示。蓝牙 BR 和蓝牙 EDR 使用相同的 GFSK 调制阶数。蓝牙 EDR 仅使用 GFSK 作为数据包头，有效载荷的调制切换为 π/4-DQPSK 或 8DPSK。低功耗蓝牙使用的调制阶数为 0.5，使得 GMSK 调制方案对低功耗蓝牙的发射机的调制阶数具有较宽的容限。低功耗蓝牙的数据速率最初为 1 Mb/s，而蓝牙 5.0 的核心标准[4]增加了 2 Mb/s 的可选数据速率，这使得频率偏差加倍。

表 2.5　蓝牙调制阶数[4]

蓝 牙 类 型	最大频率偏差/kHz	调 制 阶 数
蓝牙 BR/EDR	157.5	$0.315 \times (1 \pm 11\%)$
低功耗蓝牙	250	$0.5 \times (1 \pm 10\%)$
低功耗蓝牙(可选)	500	$0.5 \times (1 \pm 10\%)$

蓝牙还会产生最小频率偏差，传输一个符号的峰值频率偏差不应低于表 2.6 中的值。

表 2.6　蓝牙最小频率偏差[4]

蓝 牙 类 型	最小频率偏差/kHz
蓝牙 BR/EDR	115
低功耗蓝牙	185
低功耗蓝牙(可选)	370

2.1.6　错误检测和校正

蓝牙 BR 和蓝牙 EDR 使用卷积码进行前向纠错。前向纠错将在第 5 章中讨论。

低功耗蓝牙最初仅使用循环冗余校验，因为它可与许多无线物联网协议一起使用。第 5 章将讨论这种情况的普遍性。

低功耗蓝牙的可选前向纠错是在蓝牙 5.0 的核心标准中引入的[4]，它以数据速率为代价来扩大有效的工作范围。

2.1.7　网络拓扑结构

蓝牙工作在星状网络上，可以建立两种拓扑结构，分别是微微网和散射网。一个微微网最多可包含八个设备；一个散射网包含多个微微网。图 2.5[3] 描述了蓝牙的星状拓扑结构。图 2.5(a) 为"单个从设备"的工作场景；图 2.5(b) 为"多个从设备"的工作场景。无论单个从设备还是多个从设备，图 2.5(a) 和图 2.5(b) 都属于微微网。图 2.5(c) 为散射网工作场景，一个微微网的主设备可以是另一个微微网中的从设备。如图 2.5(c) 所示，一个从设备可以在两个微微网中响应，此时它有两个主设备。从设备可监听来自主设备的广播。

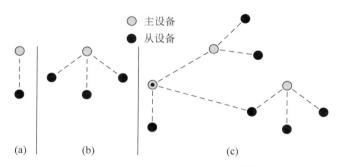

图 2.5　蓝牙的星状拓扑结构[3]

对于低功耗蓝牙的网络拓扑结构有所改变。低功耗蓝牙网络中，由从设备向主设备进行通告。因为从设备被认为是功率受限的，因此从设备大部分时间处于睡眠模式。主设备被认为不受功率约束，因此能监听和建立连接[4]。主设备可以与多个从设备建立连接，但与每个从设备的连接都是独立的信道。

2017 年发布了一项涵盖蓝牙网状拓扑的标准[7]。该标准已经开发了多年，详细使用说明可参考文献[8]，如图 2.6 所示。

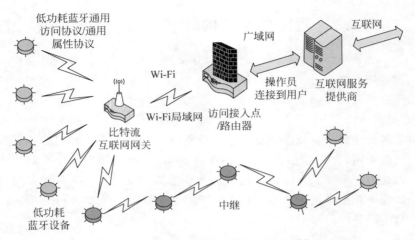

图 2.6　低功耗蓝牙的网状拓扑结构[8]

2.2　ITU G.9959 标准

ITU G.9959 是国际电信联盟(International Telecommunication Union,ITU)标准,涵盖"短距离窄带数字无线电通信收发机"。ITU G.9959 标准于 2012 年发布[9],由 Z-Wave 协议的底层发展而来。Z-Wave 协议是专有的,须创建相应标准实现与其他硬件的互操作性。

ITU G.9959 标准涵盖物理层和媒体访问控制层规范。2015 年,ITU G.9959 标准进行了更新,在协议栈中包含两个附加层:分段重组(Segmentation and Reassembly,SAR)层和逻辑链路控制层[10]。此更改扩展了 ITU G.9959 标准的覆盖范围,使其能够包含 OSI 数据链路层的所有功能。逻辑链路控制层是 OSI 协议栈中数据链路层的子层,它允许多路复用和解复用,实现网络层复用和并发操作。这使得基于 ITU G.9959 标准的技术,例如 IPv6 低功耗无线个人局域网(6LoWPAN)[11]能够选择不同的网络层实现。分段重组层是媒体访问控制层和逻辑链路控制层之间的若干可选适配层之一。本书仅涉及媒体访问控制层。

值得注意的是,ITU G.9959 标准本身不是无线物联网技术,它是相关技术须符合的标准。

2.2.1 发射机和接收机

ITU G.9959 标准允许发射机以工作频带内特定区域允许的最大功率进行发射。对于 ITU G.9959 标准,此输出功率电平称为标称值。

表 2.7 列出了 ITU G.9959 标准中接收机的最低灵敏度。在此最低灵敏度下,预计通信错误率(Communications Error Rate,CER)低于 10%。

表 2.7 **ITU G.9959 标准中接收机的最低灵敏度**

数据速率/kb/s	最低接收机灵敏度/dBm
19.2(R1)	−95
40(R2)	−92
100(R3)	−89

这些值可用于计算链路预算和链路余量。链路预算和链路余量将在第 3 章中讨论。

2.2.2 频道

ITU G.9959 标准工作在低于 1 GHz 的免许可频段。该频段在国际上没有标准化,其确切位置取决于具体地区。例如,有 900 MHz(美洲和澳大利亚)的工业、科学和医疗(ISM)频段以及 800 MHz(欧洲)的短距离无线通信设备(Short Range Device,SRD)频段。工作在这些频段中具有如下优点:避免了流行的 2.4 GHz ISM 频段的拥塞,并能够更好地在家庭范围使用。但是,使用的频率因地区而异,因此不同的 ITU G.9959 标准产品用于不同的地区。

2.2.3　典型工作范围

无线系统的工作范围取决于许多因素。第 3 章将讲到链路预算,这是计算给定环境中的无线系统工作范围所必需的知识。可以在此基础上讨论无线系统的典型工作范围。文献[12]列出了各种无线物联网协议的典型工作范围。然而,正是 ITU G.9959 标准规定了收发机工作范围。由文献[12]可知,ITU G.9959 标准在室内工作时具有 30 m 的典型工作范围,在室外工作时具有 100 m 的典型工作范围。

2.2.4　网络拓扑结构

2012 年的 ITU G.9959 标准版本明确规定 ITU G.9959 在网状拓扑上运行,并特别指出其用于家庭自动化。2015 年的 ITU G.9959 标准版本更加通用,未指定网状拓扑。上述两个版本都声明 Z-Wave 协议在网状拓扑上运行。

2.2.5　访问和扩频

ITU G.9959 标准不采用任何扩频技术,使用载波侦听多路访问(Carrier-Sense Multiple Access,CSMA)来减轻对信道的争用。CSMA 将在第 5 章中详细讨论。

2.2.6　调制和数据传输速率

ITU G.9959 标准规定了三种调制速率: R1、R2 和 R3。这些调制速率与三个信道相关联,由于低于 1 GHz ISM 频段的区域相关性,这些信道的中心频率由所在区域决定,并不是每个地区都能提供所有三个信道。

ITU G.9959 标准使用三种不同的数据速率,如表 2.8 所示。R1 和 R2 的 FSK 方案不使用任何基带滤波。R1 是基于曼彻斯特编码的。R3 的 FSK 方案使用高斯脉冲整形,带宽与时间乘积为 0.6。FSK 和 GFSK 将在第 5 章中讨论,频率偏差是总频率间隔的 1/2。

表 2.8　ITU G.9959 标准的调制阶数

数据速率/kb/s	频率偏差/kHz	调制阶数
19.2(R1)	$20 \times (1 \pm 10\%)$	1.0415
40(R2)	$20 \times (1 \pm 10\%)$	1
100(R3)	$29 \times (1 \pm 10\%)$	0.58

2.2.7　错误检测和校正

ITU G.9959 标准不使用前向纠错技术,采用校验和或循环冗余校验来检测接收到的数据包中是否发生了比特错误。由于没有前向纠错,发生单个比特错误时需要重传数据包。

校验和、循环冗余校验和自动重传请求等相关内容将在第 5 章中讨论。

2.3　Z-Wave 协议

Z-Wave 由 ZenSys 公司创建,是支持智能家居产品(例如照明控制、恒温器和车库门开启器[13-14])的无线链路。ZenSys 公司于 2003 年开始销售 Z-Wave 产品。2005 年,其他公司与 ZenSys 公司组建 Z-Wave 联盟。2008 年,ZenSys 公司被 Sigma Designs 公司收购。

Z-Wave 是专门为家庭自动化产品和应用开发的一种工具。Z-Wave 的物理层具有低功耗、电池寿命长且能在室内环境传播等特性。

Z-Wave 的协议栈如图 2.7 所示[12,15]。它有 5 个层：物理层、媒体访问控制层、传输层、路由层和应用层。

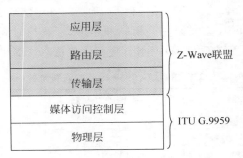

图 2.7　Z-Wave 协议栈

（1）物理层具有射频和调制解调器功能。

（2）媒体访问控制层负责媒体的 CSMA。

（3）传输层负责误差检测、确认和重传请求。

（4）路由层负责网络的路由功能。

（5）应用层负责处理应用程序。

文献[16]提供了跨越各层的 Z-Wave 数据包的布局，协议栈如图 2.8 所示。物理层表示发射机/天线。媒体访问控制层控制成帧和载波侦听。传输层和路由层负责寻址和误差检测。

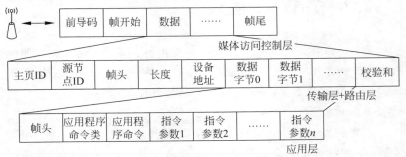

图 2.8　Z-Wave 数据包结构[16]

ITU 在 2012 年将 Z-Wave 协议的物理层和媒体访问控制层标准化为 ITU G.9959[9]。底层由独立标准机构进行标准化,遵循其他无线物联网协议的发展趋势。Z-Wave 联盟提供上层操作的规范。

2.4 IEEE 802.15.4 标准

IEEE 802.15.4 标准是覆盖低速率无线个人局域网络(Low Rate Wireless Personal Area Networks,LR-WPAN)的 IEEE 标准。需要注意的是,IEEE 802.15.4 标准本身并不是一个无线物联网设备或技术,它是技术所遵循的标准。基于 IEEE 802.15.4 标准的无线物联网技术包括 ZigBee 协议和 Thread 协议。IEEE 802.15.4 标准的协议栈如图 2.9 所示[17]。该协议栈的逻辑链路控制层由 IEEE 802.2 标准定义。类似于蓝牙标准(IEEE 802.15.1),该协议允许 IEEE 802.2 标准定义的逻辑链路控制层。

IEEE 802.15.4 的首次标准化版本为 IEEE 802.15.4—2003[18]。该版本确定了信道方案和二进制相移键控(Binary Phase-Shift Keying,BPSK)和偏置正交相移键控(Offset Quadrature Phase-Shift Keying,OQPSK)调制方案。该标准更新为 IEEE 802.15.4—2006 时[19],加入了并行序列扩频。ZigBee 协议可以选择使用该调制方案。该标准随后被更新为 IEEE 802.15.4—2011[20] 和 IEEE 802.15.4—2015[21],增加了新的波形和特性。

基于 IEEE 802.15.4 标准的所有协议都有一个特殊的信道方案。IEEE 802.15.4 定义了三个频段,分别是 2.4 GHz 的 ISM 频段、915 MHz 的 ISM 频段和 868 MHz 的 SRD 频段。低于 1 GHz 的频段并不符合国际标准,这些未授权频段由地区独立定

义。例如,SRD 频段在欧洲可用,而在美国可以使用低于 1 GHz
的频段。

　　IEEE 802.15.4 标准指定了 27 个信道,编号为 0~26,横跨上
述三个频段。这些信道的频率范围如表 2.9 所示。信道规划如
图 2.10 所示[17]。

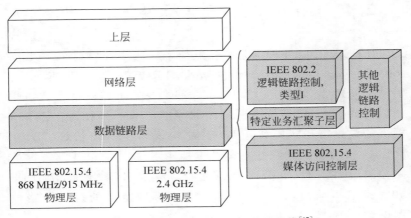

图 2.9　IEEE 802.15.4 标准的协议栈[17]

表 2.9　IEEE 802.15.4 标准的信道规划

信道(n)	频率范围/MHz
0	868.3
1~10	$904 + 2 \times n$①
11~26	$2350 + 5 \times n$

①译者注:n 表示第几条信道。

　　文献[17]介绍了 IEEE 802.15.4 标准的数据包在定义的媒体
访问控制层和物理层上的布局。媒体访问控制层控制消息排序、
误差检测和寻址。物理层用于同步、调制和扩频。

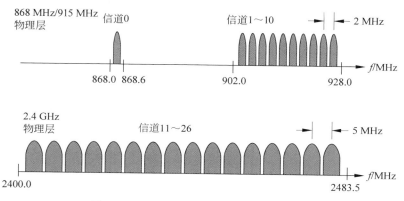

图 2.10　IEEE 802.15.4 标准的信道规划

2.4.1　发射机和接收机

IEEE 802.15.4 标准要求接收机灵敏度随调制类型和工作频带的不同而变化。在指定的接收机灵敏度下,接收机期望达到的丢包率(Packet Error Rate,PER)低于 1%。IEEE 802.15.4 标准的接收机灵敏度如表 2.10 所示。数据包结构如图 2.11 所示。

表 2.10　IEEE 802.15.4 标准的接收机灵敏度

频段/GHz	调 制 方 法	灵敏度/dBm
2.4	OQPSK	−85
低于 1 GHz	BPSK	−92
低于 1 GHz	ASK	−85
低于 1 GHz	OQPSK	−85

IEEE 802.15.4 标准建议发射功率为 0 dBm。

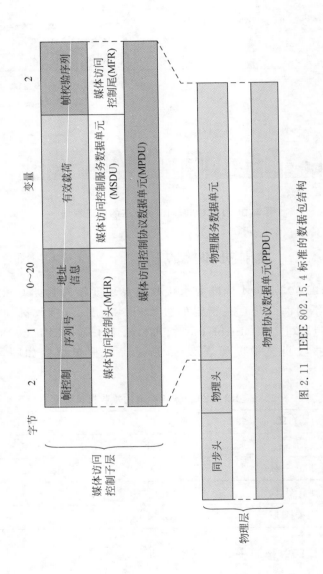

图 2.11 IEEE 802.15.4 标准的数据包结构

2.4.2　频道

IEEE 802.15.4 标准可以工作在 2.4 GHz 的 ISM 频段或由不同地区定义的小于 1 GHz 的未授权频段。工作在 2.4 GHz 频段时允许符合 IEEE 802.15.4 标准的供应商提供在国际上可行的解决方案。2.4 GHz 的 ISM 频段非常拥挤,这是必须要考虑的问题。IEEE 802.15.4 标准可以在 2.4 GHz 的 ISM 频段选择某一个无竞争或竞争较少的频段。IEEE 802.15.4 标准采用直接序列扩频技术来抑制信道内干扰。

在低于 1 GHz 的频段中工作可以使 IEEE 802.15.4 标准获得更好的室内传输效果,使得 IEEE 802.15.4 标准在竞争较小的环境中工作。信道规划如图 2.10 所示。

2.4.3　典型工作范围

无线系统的工作范围取决于许多因素。第 3 章将讨论链路预算,这是在给定环境中计算无线系统工作范围所必需的。可以在此基础上讨论无线系统的典型工作范围。文献[12]列出了各种无线物联网协议的典型工作范围。IEEE 802.15.4 标准具有 10～100 m 的典型工作范围。

2.4.4　访问和扩频

IEEE 802.15.4 标准使用频分多址(Frequency Division Multiple Access,FDMA)技术来定义信道。在给定的 IEEE 802.15.4 标准网络中,单一的频率信道由所有节点共享。第 5 章将讨论频分多址技术。

IEEE 802.15.4 标准根据特定的网络的带宽和调制方案,使用两种扩频技术。这两种扩频技术分别是直接序列扩频(Direct-Sequence Spread Spectrum,DSSS)和并行序列扩频(Parallel-

Sequence Spread Spectrum,PSSS)。直接序列扩频是为了减少干扰。这两种扩频技术将在第5章中讨论。表 2.11 列出了不同扩频技术的使用情况。

表 2.11　IEEE 802.15.4 标准的扩频技术

频　段	调 制 方 案	扩 频 技 术
2.4 GHz/915 MHz/868 MHz	OQPSK	DSSS(十六进制)
868 MHz/915 MHz	ASK	PSSS
868 MHz/915 MHz	BPSK	DSSS(二进制)

用于 IEEE 802.15.4 标准 OQPSK 调制方案的直接序列扩频技术有时被称为"十六进制正交"。具体来说,IEEE 802.15.4 标准 OQPSK 调制方案采用 4 个输入比特,将其映射到 16 个"码片"位,然后通过 OQPSK 调制器进行处理。第 4 章将进行详细讨论。

在给定的 IEEE 802.15.4 标准网络中,网络节点使用相同的扩频码。为了避免网络内部的冲突,IEEE 802.15.4 标准使用时分多址或 CSMA。第 5 章将讨论这两部分内容。

2.4.5　调制和数据传输速率

IEEE 802.15.4 标准在不同的工作频段使用不同的调制方案,如表 2.12 所示。

表 2.12　IEEE 802.15.4 标准的调制和数据速率

频　段	调 制 方 案	数据速率/kb/s
2.4 GHz/915 MHz	OQPSK	250
868 MHz	OQPSK	100
868 MHz/915 MHz	ASK	250
868 MHz	BPSK	20
915 MHz	BPSK	40

OQPSK 将在第 4 章进行讨论。IEEE 802.15.4 标准在指定

的 OQPSK 调制方案中使用正弦脉冲整形。脉冲整形使 OQPSK 调制与最小频移键控（Minimum-Shift Keying，MSK）类似。这些内容也将在第 4 章中讨论。

振幅键控（Amplitude-Shift Keying，ASK）将在第 4 章中介绍。IEEE 802.15.4 标准定义了一种结合并行序列扩频技术的 M 进制 ASK 调制方案。这种调制方案只在低于 1 GHz 的信道中使用。该方案在 ZigBee 协议中使用。

2.4.6 错误检测与校正

IEEE 802.15.4 标准不采用前向纠错技术。IEEE 802.15.4 标准定义了循环冗余校验以检测接收到的数据包中是否发生了错误。因为没有前向纠错，数据包中只要有一个比特错误就需要重新传输。

循环冗余校验和自动重传请求将在第 5 章中讨论。

2.4.7 网络拓扑结构

IEEE 802.15.4 标准定义了两种网络拓扑结构：星状拓扑结构和点对点拓扑结构，如图 2.12 所示。点对点拓扑是一种网状拓扑结构。

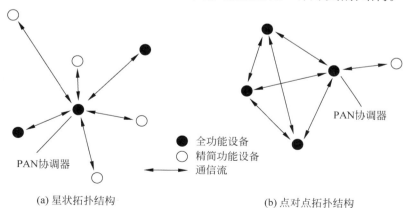

(a) 星状拓扑结构　　　　　　　　(b) 点对点拓扑结构

图 2.12　IEEE 802.15.4 标准定义的星状和点对点拓扑结构

IEEE 802.15.4 标准还介绍了一种"集群树"作为网状拓扑结构的应用示例,如图 2.13 所示[21]。更复杂的树状拓扑结构则需在网状网络中增加多个协调器。

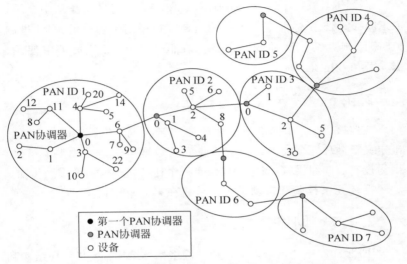

图 2.13   IEEE 802.15.4 标准的集群树拓扑结构

2.5   ZigBee 协议

ZigBee 协议最初是由 Ember 公司开发的,它允许无线物联网使用大量节点,从而开发了一个低功耗、低数据传输速率的无线个人局域网,节点数量可以比蓝牙多一个数量级[22]。IEEE 802.15.4 标准于 2003 年获得批准,ZigBee 1.0 在 2005 年由 ZigBee 联盟提出,Silicon Labs 于 2012 年收购了 Ember 公司。

ZigBee 协议与 IEEE 802.15.4 标准紧密相关,但二者并不相同[23]。IEEE 802.15.4 标准提供了广泛的物理层规范,其中只有一部分是在 ZigBee 协议下标准化的，ZigBee 协议的协议栈如图 2.14 所示[12]。ZigBee 协议提供跨层的安全功能。ZigBee 协议栈的简化版本如图 2.15 所示。IEEE 802.15.4 标准定义了物理层和媒体访问控制层[18]。与其他物联网协议一样，只有底层协议由独立的标准机构进行维护。

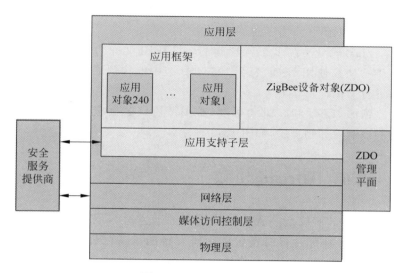

图 2.14 ZigBee 协议栈

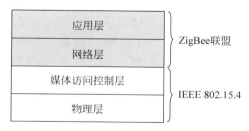

图 2.15 简化的 ZigBee 协议栈

（1）物理层负责频率转换、调制和扩频。

（2）媒体访问控制层以时隙、误差检测和重传的方式处理 CSMA 和时分多址（Time-Division Multiple Access，TDMA）。

（3）网络层负责网络发现、网络管理和路由。

（4）应用层处理相关应用程序。ZigBee 协议提供了一个统一的应用支持子层，这样可以在无线链路上构建许多高层标准，并在底层建立网络。

ZigBee 协议在多个频段运行，由 IEEE 802.1.4 标准指定。ZigBee 协议使用 IEEE 802.105.4 标准中的物理层对每个选定频段进行操作。

依照 IEEE 802.15.4 标准，ZigBee 协议数据包结构跨越媒体访问控制层和物理层，如图 2.11 所示。

2.6　Thread 协议

Thread 协议是由 Alphabet 公司的子公司 Nest Labs 开发的。Nest Labs 具有为智能家居应用研发智能设备的经验。2014 年，Nest Labs 与其他行业合作成立了 Thread 工作组[24]，这是一个维护和推广 Thread 协议的联盟。

Thread 协议栈如图 2.16 所示[25]。Thread 协议与 ZigBee 协议类似，位于 IEEE 802.15.4 标准顶层。Thread 工作组维护协议的上层，IEEE 维护底层。Thread 协议的物理层和媒体访问控制层由 IEEE 802.15.4 OQPSK 物理层定义，并运行在 2.4 GHz ISM 频段。

Thread 协议遵循第 1 章讨论的 TCP/IP 参考模型。传输层的任务由用户数据报协议（User Datagram Protocol，UDP）完成[26]。UDP 是一种无连接的传输协议。网络层的职责是使用 IPv6[27] 和 6LoWPAN 实现的[28]。

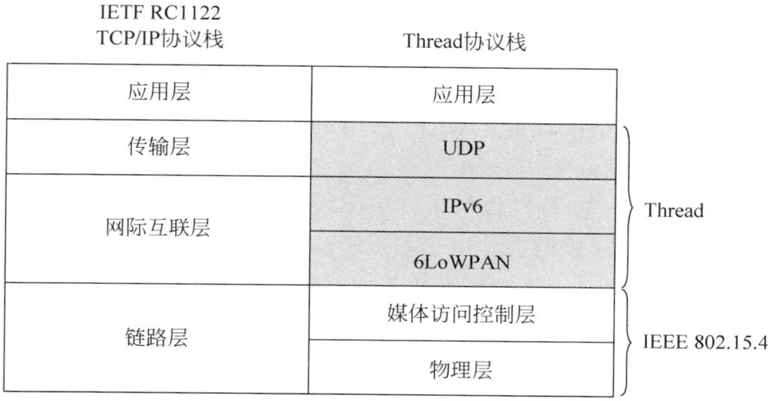

IETF RC1122
TCP/IP协议栈　　　　　　　　　Thread协议栈

应用层	应用层	
传输层	UDP	⎫
网际互联层	IPv6	Thread
	6LoWPAN	⎭
链路层	媒体访问控制层	⎫ IEEE 802.15.4
	物理层	⎭

图 2.16　Thread 协议栈与 TCP/IP 协议栈比较

2.7　Wi-Fi

　　Wi-Fi 一词已经无处不在,足以与"无线互联网"同义。但 Wi-Fi 到底是什么? Wi-Fi 原意为"无线保真",而不是无线连接,是 Wi-Fi 联盟的一个商标。Wi-Fi 联盟是一个非营利性组织,可以认证无线产品的互操作性。实际用于无线局域网的无线协议由 IEEE 802.11 标准定义[29]。IEEE 802.11 系列标准为无线局域网的物理层和媒体访问控制层提供标准。与文献[29]一样,为方便读者理解,当讨论 Wi-Fi 和无线局域网时,本书把这两个术语作为同义词。IEEE 802.11 标准于 1997 年首次发布[30]。多年来,IEEE 802.11 标准已多次修订。Wi-Fi 联盟只认证标准中包含的波形子集。也就是说,虽然 IEEE 802.11 标准定义了若干种波形,但是作为 Wi-Fi 使用的链路只使用这些波形的一个子集。

　　本书重点关注无线物联网中的低功耗、低数据传输速率和无线连接。这种低功耗设备用于组成"设备网络",也称为"机器对机器"(Machine-to-Machine,M2M)网络。在采用电池供电的设备之间形成 M2M 网络需要一个低功耗的射频系统,以最大限度地延长电池寿命。文献[31]分别使用 ZigBee、蓝牙和 Wi-Fi 分析了三种无线传感器网络的性能。Wi-Fi 网络的最大问题是能耗。本书不重点讨论该内容。

　　IEEE 802.11 标准提供了许多无线物联网服务,通常为无线物联网设备网络提供网关。由于 IEEE 802.11 标准对无线物联网的重要性,有必要讨论这些标准相关的背景知识。

　　作为建立无线局域网的一种工具,Wi-Fi 的协议栈如图 2.17 所示。正如第 1 章所讨论的,该协议栈遵循 TCP/IP 参考模型,并由文献[32](IETF RFC1122)定义。TCP/IP 协议栈的最底层——链路层由 IEEE 标准定义,上层由 IETF 定义。最底层由物理层、媒体访问控制层和数据链路层组成。在图 2.17 中,IEEE 802.11

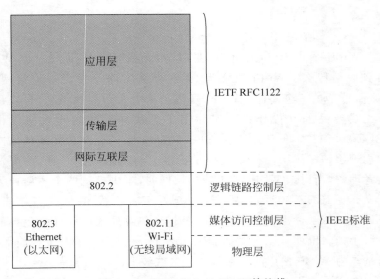

图 2.17　IEEE 802.11 Wi-Fi 协议栈

无线局域网和 IEEE 802.3(以太网)并列显示。这两套标准都定义了物理层和媒体访问控制层,并且都可与 IEEE 802.2 标准定义的数据链路层进行接口。IEEE 802.3 标准和 IEEE 802.11 标准都可以用来创建局域网。IEEE 802.11 标准的作用是为物理电缆提供一种无线替代品。

Wi-Fi 运行在 2.4 GHz 和 5 GHz ISM 频段,在任一频段工作都可以为设备网络提供网关。工作在 2.4 GHz 频段的 Wi-Fi 是许多设备网络的干扰源,第 5 章将对此进行讨论。

2.4 GHz 频段的 Wi-Fi 信道从 2412 MHz 的信道 1 开始,一直到 2472 MHz 的信道 13,每个信道间间隔为 5 MHz。这种信道规划的复杂之处在于,信道的宽度远大于 5 MHz,这意味着信道会有重叠,如图 2.18 所示[33]。一组非重叠信道如图 2.19 所示[33],有一个以 2484 MHz 为中心的附加信道 14,但最后一个位于 2.4 GHz ISM 频段边缘的信道的可用性取决于特定的工作区域。由于 Wi-Fi 信道是重叠的,所以需要选择使用非重叠的信道集合。在美国,通常选择信道 1、信道 6 和信道 11。

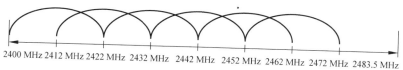

2400 MHz 2412 MHz 2422 MHz 2432 MHz 2442 MHz 2452 MHz 2462 MHz 2472 MHz 2483.5 MHz

图 2.18　重叠的 Wi-Fi 信道[33]

信道1　　　　信道6　　　　信道11

2400 MHz 2412 MHz　　　2437 MHz　　　2462 MHz　　　2483.5 MHz

图 2.19　非重叠的 Wi-Fi 信道

Wi-Fi 采用正交频分多路复用(Orthogonal-Frequency Division Multiplexing,OFDM)和直接序列扩频两种物理层技术。由于 Wi-Fi

不在本书的讨论范围内,并且没有其他无线物联网协议使用 OFDM,所以 OFDM 相关的理论知识将不做讨论。Wi-Fi OFDM 的普及影响了无线电制造业,第 3 章将做简要讨论。直接序列扩频用于无线物联网协议,例如 ZigBee 协议,将在第 4 章中讨论。

参考文献

1 A. S. Tanenbaum, *Computer Networks*. Upper Saddle River: Prentice Hall, 2003.

2 Part 15.1: Wireless Medium Access Control (MAC) and Physical Layer (PHY) Specifications for Wireless Personal Area Networks (WPANs), IEEE 802.15.1-2002, 2002.

3 Part 15.1: Wireless Medium Access Control (MAC) and Physical Layer (PHY) Specifications for Wireless Personal Area Networks (WPANs), IEEE 802.15.1-2005, 2005.

4 Bluetooth Core Specification version 5.0, Bluetooth Special Interest Group, 2016.

5 S. Raza, P. Misra, Z. He, and T. Voigt, "Bluetooth smart: An enabling technology for the Internet of Things," in *2015 IEEE 11th International Conference on Wireless and Mobile Computing, Networking and Communications (WiMob)*, Abu Dhabi, United Arab Emirates, Oct. 2015, pp. 155–162.

6 J. Padgette, K. Scarfone, and L. Chen, "Guide to Bluetooth Security: Recommendations of the National Institute of Standards and Technology," *NIST Special Publication*, Vols. 800-121, 2012.

7 Mesh Model: Bluetooth® Specification, Bluetooth Special Interest Group, Mesh Working Group, 2017.

8 K.-H. Chang, "Bluetooth: A viable solution for IoT?," *IEEE Wireless Commun.*, vol. 21, no. 6, pp. 6–7, 2016.

9 Short range narrow-band digital radio communication transceivers—PHY and MAC layer specifications, Recommendation ITU-T G.9959, 2012.

10 Short range narrow-band digital radio communication transceivers—PHY, MAC, SAR and LLC layer specifications, Recommendation ITU-T G.9959, 2015.

11 A. Brandt and J. Buron, RFC 7428: Transmission of IPv6 Packets over ITU-T G.9959 Networks, Internet Engineering Task Force, 2015.

12 C. Gomez and J. Paradells, "Wireless home automation networks: A survey of architectures and technologies," *IEEE Commun. Mag.*, vol. 48, no. 6, pp. 92–101, 2010.

13 A. Westervelt. (2012, Mar. 21). Could smart homes keep people healthy? *Forbes* [Online]. Available: https://www.forbes.com/sites/amywestervelt/2012/03/21/could-smart-homes-keep-people-healthy/#2593a254579a.

14 A. Stafford. (2005, Dec. 29). First look: Catch the home automation Z-Wave. *PC World*. Available: https://www.techhive.com/article/123856/article.html

15 M. B. Yassein, W. Mardini, and A. Khalil, "Smart homes automation using Z-Wave protocol," in *2016 IEEE Int. Conf. Eng. MIS (ICEMIS)*, Agadir, Morocco, Sep. 2016, pp. 1–6.

16 P. Amaro, R. Cortesão, J. Landeck, and P. Santos, "Implementing an advanced meter reading infrastructure using a Z-Wave compliant wireless sensor network," in *IEEE Proc. 2011 3rd Int. Youth Conf. Energetics*, Leiria, Portugal, Jul. 2011, pp. 1–6.

17 E. Callaway, P. Gorday, L. Hester, J. A. Gutierrez, M. Naeve, B. Heile, and V. Bahl, "Home networking with IEEE 802.15.4: A Developing standard for low-rate wireless personal area networks," *IEEE Commun. Mag.*, vol. 40, no. 8, pp. 70–77, 2002.

18 Part 15.4: Wireless Medium Access Control (MAC) and Physical layer (PHY) specifications for Low-Rate Wireless Personal Area Networks (LR-WPANs), IEEE 802.15.4-2003, 2003.

19 Part 15.4: Wireless Medium Access Control (MAC) and Physical layer (PHY) specifications for Low-Rate Wireless Personal Area Networks (LR-WPANs), IEEE 802.15.4-2006, 2006.

20 Part 15.4: Low-Rate Wireless Personal Area Networks (LR-WPANs), IEEE 802.15.4-2011, 2011.

21 Part 15.4: Low-Rate Wiress Networks, IEEE 802.15.4-2015, 2015.

22 E. Corcoran. (2014, Sep. 6). Giving voice to a billion things. *Forbes* [Online]. Available: https://www.forbes.com/free_forbes/2004/0906/144d.html.

23 A. Kumar, A. Sharma, and K. Grewal, "Resolving the paradox between IEEE 802.15. 4 and Zigbee," in *IEEE 2014 Int. Conf. Optimization Rel. Inform. Technol. (ICROIT)*, Faridabad, India, Feb. 2014, pp. 484–486.

24 N. Randewich, *Google's Nest launches network technology for connected home*, Reuters, July 15, 2014 .

25 S. A. Al-Qaseemi, M. F. Almulhim, H. A. Almulhim, and S. R. Chaudhry, "IoT architecture challenges and issues: Lack of standardization," in *IEEE Future Technol. Conf.*, San Francisco, CA, Dec. 2016, pp. 731–738.

26 J. Postel, RFC 768: User Datagram Protocol, The Internet Engineering Task Force, 1980.

27 S. Deering and R. Hinden, RFC 2460: Internet Protocol, Version 6 (IPv6), The Internet Engineering Task Force, 1998.

28 G. Montenegro, N. Kushalnagar, J. Hui and D. Culler, RFC 4944: Transmission of IPv6 Packets over IEEE 802.15.4 Networks, The Internet Engineering Task Force, 2007.

29 E. Ferro and F. Potorti, "Bluetooth and Wi-Fi wireless protocols: A survey and a comparison," *IEEE Wireless Commun.*, vol. 12, no. 1, pp. 12–26, 2005.

30 Part 11: Wireless LAN Medium Access Control (MAC) and Physical layer (PHY) specifications, IEEE 802.11-1997, 1997.

31 G. Mois, S. Folea, and T. Sanislav, "Analysis of three IoT-based wireless sensors for environmental monitoring," *IEEE Trans. Instrum. Meas.*, vol. 66, no. 8, pp. 2056–2064, 2017.

32 R. Braden, "RFC1122: Requirements for Internet hosts – communication layers," The Internet Engineering Task Force, 1989.

33 Part 11: Wireless LAN Medium Access Control (MAC) and Physical layer (PHY) specifications: Higher-speed physical layer extension in the 2.4 GHz band, IEEE 802.11b-1999, 1999.

射 频 层

物联网的应用领域十分广泛。一个特定的物联网应用所采用的协议须适用于该应用,从协议栈的最底层设计开始就向满足该应用的方向努力。

物理层是协议栈的最底层。物理层将数据处理为物理形式,从而可以进行发射、传输和接收。物理层的确切边界因协议标准而异。一般来说,物理层关注数据传输的媒介。对于无线物联网,该媒介就是无线频谱。因此,物理层需要对接收灵敏度、链路余量、信道模型、波形和误比特率等进行标准化。

第 1 章提出了无线物联网底层协议栈的统一模型,如图 3.1 所示。本书将自下而上对该协议栈进行讲解。本章介绍图 3.1 中所示的射频层。

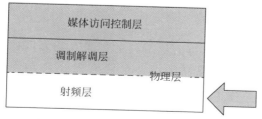

图 3.1 物联网底层协议栈统一模型

本书把物理层分成了两部分。本章将介绍与物联网物理层相关的概念,以及有哪些可用的物理层和选择该物理层的优势,为进一步研究提供参考。

3.1 无线系统

无线系统通常用特定于某种标准的复杂术语来描述。本节从适用于所有模型的无线系统的简化模型开始讨论。无线系统由三个基本组件组成:发射机(Transmitter,Tx)、信道和接收机(Receiver,Rx)。这些组件之间的关系如图 3.2 所示。发射机发射调制信号,该信号通过信道传输。信道对信号会产生影响,例如随着距离的增加会产生功率损失。然后,接收机试图恢复该信号。收发机是一种既包含发射机又包含接收机的设备。

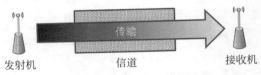

发射机　　　　　　信道　　　　　　接收机

图 3.2　无线系统简化模型

无线标准将指定发射机的规则和信道的型号,而接收机的大部分设计细节则留给相应的开发公司。注意,编写标准的目的是让接收机恢复发送的信号。不管标准看起来有多费解,信号都应该能被解调。

物联网的无线标准遵循同样的逻辑。物联网的某个具体应用选择无线标准的原则是该标准能够很好地支持该应用。例如能够进行低功率传输,易于进行信道估计和具有低成本接收机等。

3.2　收发机基本模型

为了讨论物联网无线标准的深层含义,需要建立支持这些标准的基本技术模型。现代收发机的基本模型包含三部分:模拟射频前端、数字信道化和基带控制器,如图 3.3 所示。

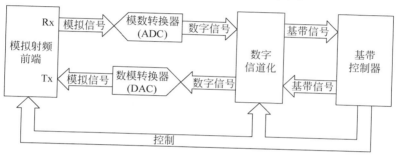

图 3.3　收发机基本模型

接收信号从模拟射频前端流向模数转换器(Analog-to-Digital Converter,ADC)。该接收信号可能包含多个潜在信号。因此,这一阶段的信号被称为"潜在可用带宽"。模拟射频前端必须提供从工作频带到较小的可用带宽的初始选择。模数转换器执行量化和采样操作。这些概念在许多文献中都有说明,其中文献[1]中的解释容易理解。

模数转换器完成量化和采样后,开始进行数字信号处理(DSP)。初始数字信号处理以高采样率完成,这就是数字信道化发生的地方。从频带信号采样成单一信号后,进行低采样率的基带处理。对于发射信号,过程相反。信号在基带产生,然后信道化。信道化的数字信号通过数模转换器(Digital-to-Analog Converter,DAC)转换成模拟信号。以下章节将详细阐述。

3.2.1　模拟射频前端

模拟射频前端是用于对模拟信号进行数字化和分析处理的射频电路,是处于天线和数字化设备(ADC/DAC)之间的信号处理环节。

模拟射频前端的作用是调节接收信号并进行数字化,然后进行传输。问题是感兴趣的带宽(Bandwidth of Interest,BOI)可能不在数字转换器的奈奎斯特带宽范围内。奈奎斯特带宽由前端的采样速率定义。"奈奎斯特带宽"和"奈奎斯特频率"等术语都源于奈奎斯特采样定理。文献[1-3]给出了关于奈奎斯特采样定理的更多信息,此处仅做简要介绍。奈奎斯特采样定理定义了对信号进行采样时不出现"混叠"所需的最小采样速率。"混叠"是指要采样的带宽中的频率分量超过奈奎斯特频率时发生的一种失真现象。奈奎斯特频率是采样率的一半,奈奎斯特带宽是可以进行采样而不会发生混叠的带宽。

上述问题有三种常见的解决方法:超外差、直接转换和射频采样。这三个射频前端架构将在后面章节进行探讨,讨论每个架构的基本框图以及常见的问题。其中,物联网十分关注直接转换架构,因此将对此进行更详细的探讨。

深入研究模拟射频前端的设计超出了本书的探讨范围。目前,有许多文献都介绍了相关内容。如果读者有兴趣学习如何设计一个功能强大的模拟射频前端,可以参考文献[4-6]中的介绍。射频电路的设计需要考虑很多方面,对这部分内容的深入理解需要多年的研究积累。本节主要向读者介绍常见的前端架构,并将这些架构与物联网标准联系起来。

1．超外差

超外差接收机最早是在1921年发表的文献[7]中提出的。图3.4是超外差接收机的简化框图。信号在射频(Radio Frequency,

RF)和中频(Intermediate Frequency, IF)的两个频率等级进行处理。射频为"高频"信号,需要昂贵的模拟信号调节电路。收发机在中频执行大部分信号调节,这使得大多数模拟电路在较低频率下执行模拟信号调节。通过改变本地振荡器(Local Oscillator, LO)的频率,用户可以从较宽的初始接收频带中选择较窄的感兴趣的带宽。本地振荡器提供本地正弦波选择用户感兴趣的带宽。预选滤波器可防止带外干扰。低噪声放大器(Low Noise Amplifier, LNA)在接收机前端提供增益。低噪声放大器是低噪声系数的放大器。噪声系数是衡量器件信噪比下降程度的指标,关于噪声系数的更多内容参见文献[4]和文献[2]。镜像抑制带通滤波器放置在混频之前,以防止镜像频率影响下变频输出,本节稍后将讨论镜像抑制滤波器。抗混叠滤波器有双重用途。低通抗混叠滤波器防止模数转换器出现混叠,并提供信道选择滤波器,信道选择滤波器在超外差中是非常重要的。

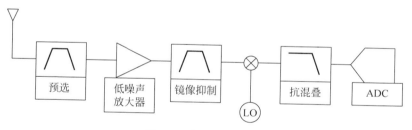

图 3.4 超外差接收机

超外差接收机的混频是实值的,式(3.1)为其表达式。

$$\cos\phi\cos\theta = \frac{1}{2}\cos(\phi - \theta) + \frac{1}{2}\cos(\phi + \theta) \qquad (3.1)$$

混频结果是将信号进行上变频或下变频,所以有必要使用通道选择滤波器去除不需要的信号分量。如图 3.4 所示接收机允许所需的频率分量(即下变频信号)通过低通滤波器。

模拟混频器模拟乘法运算的效果并不完美。本地振荡器的一些能量会以本振频率泄漏到输出端。因此,必须在用户感兴趣的中频带宽之外选择本振频率。

由于用户感兴趣的频带中有其他信号,因此镜像抑制滤波器是必要的。实际混频过程通过上变频和下变频混合其他信号,使得存在不期望的"镜像频率",该"镜像频率"将移动到与期望信号相同的位置,这个过程如图3.5所示。为了理解镜像频率,需要检查双边频谱。图3.5显示了期望信号和非期望信号的双边频谱。外差实值混频过程会将信号的"副本"进行上变频和下变频。然后,定位期望信号和非期望信号,使得期望信号的负频率"副本"与正在进行下变频的期望信号混叠。

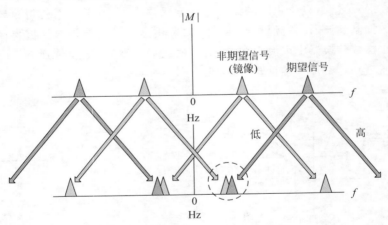

图 3.5 实际混合镜像频率

图3.6给出了如图3.5所示混频的数学表达式。期望的信号频率为"10",本地振荡器被调谐到频率"9"。希望将期望的信号下变频到频率"1"。同时,存在不期望的信号,频率为"8"。混合过程将所需信号的"副本"移动到频率"19"和频率"1"。频道选择过滤器将过滤掉上变频的频率成分。非期望信号将混合到频率"17"和频率"1"。因此,必须在混频之前滤除不想要的信号。

信号　　　　LO　　　　　高　　　　　低

$$\cos(2\pi \times 10t) \times \cos(2\pi \times 9t) = \frac{1}{2}\cos(2\pi \times 19t) + \frac{1}{2}\cos(2\pi t)$$

$$\cos(2\pi \times 8t) \times \cos(2\pi \times 9t) = \frac{1}{2}\cos(2\pi \times 17t) + \frac{1}{2}\cos(2\pi t)$$

镜像　　　　　　　　　　　　镜像

图 3.6　镜像频率示例

数字化过程也需要考虑。图 3.7 显示了要采样的带宽的双边频谱。要采样的带宽包含两个信号,其频谱如图中三角形和梯形所示。图 3.7 中有三条垂直线表示频域中的重要值,分别是 0 Hz、$+F_{\text{Nyquist}}$ 和 $-F_{\text{Nyquist}}$。F_{Nyquist} 是奈奎斯特频率,是采样速率的一半。

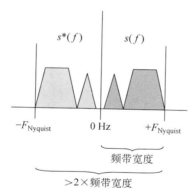

图 3.7　实值模数转换器带宽

奈奎斯特频率为要采样的带宽中没有"混叠"的频率分量划定了最高值,奈奎斯特采样定理要求最小采样速率是被采样带宽的两倍;然而,这仅适用于单边频带。同时存在 $a + F_{\text{Nyquist}}$ 和 $a - F_{\text{Nyquist}}$ 的原因是该图显示了双边频谱。双边频带包含相同范围的正负频率。对于实值信号,双边带宽是单边带宽的两倍。对于双边频带,避免混叠所需的最小采样速率等于双边带宽。实值信号的双边频谱由该信号在正频率下的频谱和同一频谱在负频率下的复共轭形式组成。这是实值信号频谱的对称性。这种对称被称为共轭或埃尔米特对称。

如图 3.8 所示,用户感兴趣的频带被下变频为基带信号。被数字化的频谱带宽必须等于或小于采样率的一半。如果用户感兴趣的频带完美地处于以 0 Hz 为中心的位置,则可以使用如图 3.8 所示的方式进行处理。图 3.8 中频谱的两侧为共轭对称的。

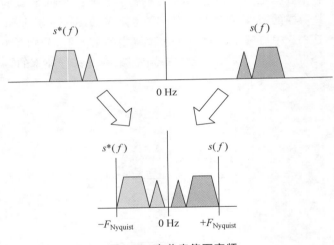

图 3.8 完美实值下变频

然而,下变频不能非常精确。用户感兴趣的频带会错过标记,载波同步尚未形成。这将导致频谱混叠或与共轭重叠,如图 3.9 所示。这也表明,对于实值信号,双边带宽是单边带宽的两倍。

解决方法是将用户感兴趣的频带移动到"中间频率"(中频),在这里可以进行额外的基带处理。使用中频时,用户感兴趣的频带在要采样的总带宽内远离 0 Hz。如图 3.10 所示,以中间频率采样信号时需要更高的采样速率,这使得超外差接收机的带宽效率更低,成本更高。

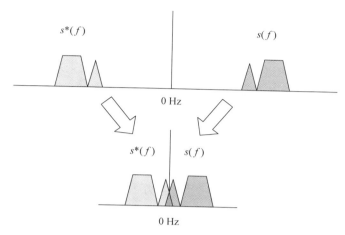

图 3.9 实值下变频的重叠带宽

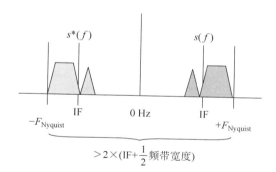

图 3.10 中频采样

2. 直接转换

直接转换收发机有时被称为零差或零中频或正交收发机。零差接收机的概念已经存在很多年了,直到 20 世纪 90 年代,随着更先进的射频接收机技术的出现才变得实用[8]。直接转换已经在射频集成电路(Radio Frequency Integrated Circuits,RFIC)中成功实现。

关于直接转换模拟前端的更多详细信息,参见文献[5]和文献[6]。

图 3.11 为直接转换接收机(Direct-Conversion Receiver,DCR)的简化框图。用户感兴趣的频带仅在一个频率等级中处理。在该频率等级将用户感兴趣的频带与基带混合。通过改变本地振荡器的频率,用户可以从较宽的初始接收频带中选择感兴趣的窄带宽。本地振荡器提供两个频率相等但相隔 90°的本地正弦波,以选择用户感兴趣的频带。预选滤波器防止带外干扰。低噪声放大器在接收机前端提供增益。用户感兴趣频带的相位信息不是已知的。因此,DCR 有两个支路,下变频信号的同相(实相)支路和正交(复相)相位支路。这种双臂混频方法被称为正交混频。因此,数字化必须使用两个频率信道。这种技术被称为复值或正交采样,而不是超外差中的实值采样。

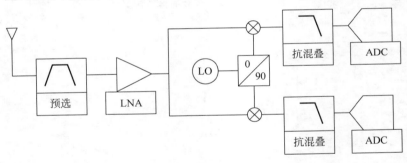

图 3.11 直接转换接收机

这种结构利用欧拉公式[见式(3.2)]来创建复值振荡器和混频级。复值混频的概念如图 3.12 所示。混频过程中只在一个方向上移动用户感兴趣的频带,向上或向下。通过这个过程,实值信号变成复值信号。初始实值信号的双边频谱具有共轭对称性。图 3.12 中的复值下变频结果则不具有共轭对称性。

$$e^{j\theta} = \cos(\theta) + j\sin(\theta) \tag{3.2}$$

这种方法的一个好处是,由于正负频率携带唯一的信息,采样

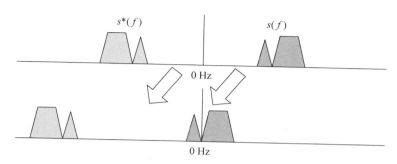

图 3.12 复值混频

带宽增加了一倍,如图 3.13 所示。比较图 3.13 和图 3.10,图 3.13 中模数转换器的带宽使用效率更高。假设信号可以完全下变频至 0 Hz,则信号采样的带宽可以等于奈奎斯特频率。这并不违反采样定理,因为最大频率分量仍受奈奎斯特频率的限制。信号现在横跨频谱的 y 轴。虽然采样速率可能较低,但模数转换器必须产生两倍于采样速率的数据。因此,完全调谐的 DCR 信号的数据速率与完全调谐的超外差接收机的数据速率相同。还要注意,因为在 0 Hz 附近没有与用户感兴趣的频带重叠的共轭分量,所以用户感兴趣的频带可以设置在稍微偏离 0 Hz 的位置。

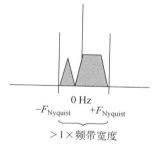

图 3.13 复值模数转换器带宽

这种方法的另一个好处是减少了模拟元件。超外差接收机的镜像抑制和信道选择滤波器不是必要的,这使得 DCR 更便宜。直接转换涉及多种复杂情况。直接转换的缺点在文献[8]中讨论。文献[9]讨论了直接变频收发机的设计考虑因素。因为物联网有意采用直接转换,这里将讨论它的一些缺点,包括 IQ 不平衡、直流

(DC)失调和本振泄漏。

IQ 不平衡是由 I 端和 Q 端模拟元件之间的不完美造成的,导致增益和相位失衡。考虑 I 端和 Q 端独立地携带一个实值信号,这意味着信号有正负(共轭)频率分量。如果 I 端和 Q 端相位相差 90°,并且增益完全平衡,那么不需要的频率分量在相加为复合值时将被抵消。然而,如果相位和增益不是完全平衡的,那么将存在残余的不期望的频率分量。IQ 不平衡的影响如图 3.14 所示。式(3.4)提供了抑制不期望频率分量与增益和相位不平衡之间关系的解析等式。这可用于预测 DCR 提供的无杂散动态范围(Spurious-Free Dynamic Range,SFDR)。例如,为了提供−50 dBc SFDR,增益不平衡必须小于 0.2 dB,相位不平衡必须小于 1°。G 代表不平衡增益,在式(3.3)中计算,并应用于式(3.4)中的线性幅度。

$$G = 10^{\left(\frac{\text{Imbalance(dB)}}{20}\right)} \tag{3.3}$$

$$\text{Suppression(dBc)} = 10\log_{10}\left(\frac{G^2 - 2G\cos\varphi + 1}{G^2 + 2G\cos\varphi + 1}\right) \tag{3.4}$$

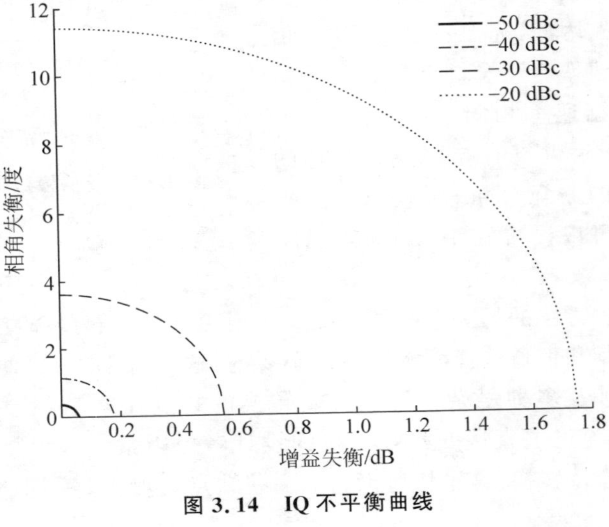

图 3.14 IQ 不平衡曲线

0.5 dB 的增益差异似乎很小，然而这种看似微小的不匹配会导致性能急剧下降。IQ 不平衡可能导致误符号率增加，它们之间关系的分析表达式详见文献[10]。

DC 失调发生在数字化过程中。两个模数转换器的失调量不同。理想的模数转换器的输入电压和输出量之间呈线性关系，输出量是输入信号幅度的数字表示。然而，并不存在理想的模数转换器。实际模数转换器的传输特性（输入电压和输出量之间的关系）不会穿过原点，y 轴截距点就是 DC 失调量。两个模数转换器具有不同的 DC 失调量。本节介绍的三种架构中都存在 DC 失调。直接转换架构工作在基带，中间是 DC，这就使问题更复杂了。超外差架构在中频带宽下工作，可以简单地滤除 DC 或其附近任何不需要的残余，直接转换架构必须减轻缺陷。此外，直接转换架构有两种不同的 DC 失调，这可能会使用于校正偏移的算法更加复杂。数模转换器也面临同样的问题。超外差发射机只需滤除不以中频为中心的残余频率，DCR 将把 DC 失调作为信号转发到模拟上变频。这种 DC 失调为上变频混频器提供了一个 0 Hz 的分量。

本振泄漏发生在复值混频过程中。注意，模拟混频器仅模拟乘法，模拟混频器会产生不需要的分量。来自本地振荡器的一些功率将通过模拟混频器流出，并在混频输出中表现出来。对于 DCR，这意味着来自本地振荡器的一些功率将出现在感兴趣的发射带宽中。

基带上还有其他人为因素会干扰用户感兴趣的频带，其中包括数字化阶段的"抖动"导致的放大器的"闪烁噪声"。

目前，有许多技术上的限制阻碍了 DCR 完美地模拟欧拉公式。用户可以期望 DCR 的目标带宽产生更小的 SFDR，但是比超外差接收机的失真更大。这些缺陷的影响如图 3.15 所示。图 3.15 中共有三个信号：期望信号、DC 激励和共轭镜像。共轭镜像是由 IQ 不平衡引起的。DC 激励由多种因素引起,包括模数转换器的本振泄漏和 DC 失调。

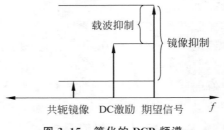

图 3.15　简化的 DCR 频谱

由于模拟元件的不完美而产生的相关问题可以通过软件算法来弥补,例如文献[11]中提出的算法。当与数字信道化结合使用时,如 3.2.2 节所述,可以使 DCR"失调"量等于至少一半用户感兴趣带宽的频率,以进一步缓解上述问题。

由于直接转换架构影响了用户感兴趣频带的中心,与基带类似,许多无线标准将该区域留空。例如,IEEE 802.11 标准的 OFDM符号将 0 Hz 频段保留为"空",这意味着该处没有任何信息,如图 3.16 所示。如果直接转换前端可以被设计成将一些不期望的失真控制在该区域内,那么 DCR可以不受这些限制。这使得 IQ不平衡成为商业物联网应用使用

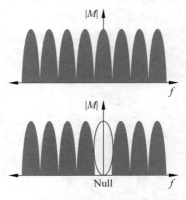

图 3.16　OFDM 符号中心在零点

直接转换架构的主要障碍。像 DVB-T 这样的应用程序虽然不是物联网系统,但确实用户量很大,这意味着标准的设计者并不期望消费电子产品使用直接转换前端。

3. 射频采样

射频采样的含义是,以足够高的时钟速率运行模数转换器,以对整个接收频谱进行采样。预选滤波器可防止带外干扰。预选滤波器不一定必须是带通滤波器,这取决于应用场合。低噪声放大器在接收机前端提供增益。射频采样架构中没有调谐级。射频信号由模数转换器直接采样。射频采样发射机也是如此。数模转换器的输出经过反像滤波后,进入放大器并传输。

如图 3.17 所示,射频采样架构没有调谐级,这使得它非常适用于高频(HF,3 Hz~30 MHz)波段的工作。射频采样架构在高频带或更低频段的应用中很常见。虽然不使用调谐级,调制解调器仍需要进行频率校正。频率校正是同步的一部分,这将在第 4 章中讨论。

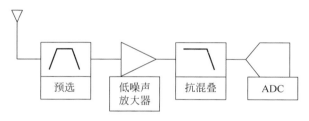

图 3.17　射频采样接收机

4. 总结

表 3.1 总结了所讨论的三种射频前端架构的优缺点。超外差架构可以调谐到很宽的频率范围,并提供非常强的 SFDR;超外差接收机也是最贵的。直接转换架构也能调谐到与超外差架构相同的宽频率范围,而且相对于超外差架构来说价格更低廉。直接转换架构能提供两倍于超外差架构的带宽。然而,直接转换架构存在一些问题,例如混频、放大和数字化等不良基带失真会渗透到目标带宽中。与超外差架构相比,射频采样架构也不贵,但调谐能力

明显受限。

表 3.1 三种模拟前端的优缺点

类　　型	优　　点	缺　　点
超外差架构	低毛刺,宽频率范围	组件昂贵
直接转换架构	宽频率范围,双倍带宽	高毛刺
射频采样架构	设计简单,低毛刺	有限频率范围

直接转换架构的缺点可以通过算法校正或无线标准来弥补。如本节所述,OFDM 系统中的中心位置保持为空,因此可以使用廉价的直接转换架构,而信号不会产生模拟过程中不希望有的基带失真。

3.2.2　数字信道化

收发机中的可选组件是数字信道化。如果模拟前端有足够的带宽,则可以使用数字信道化。术语"宽带"和"窄带"在不同的上下文中的含义可能不同。为了方便讨论,"宽带"意为有多个信号被数字化,"窄带"意为只有一个信号被数字化。

数字信道化在软件无线电(Software-Defined Radio,SDR)平台中很常见。因为大多数 SDR 是宽带的,这使得 SDR 可以最大限度地重新配置。

文献[12]对数字信道化进行了精彩的讲解,鼓励读者更深入地研究数字信道化的组成和设计。本节将简要介绍数字信道化,旨在帮助读者理解数字信道化是收发机的接收和发射环节中信道化的第二阶段。

数字信道化可帮助简化收发机设计,因此在物联网的应用中人们对此技术很感兴趣。数字信道化可用于实现跳频解决方案,而无须在模拟硬件中快速重新调谐时间。跳频将在第 4 章作为调制解调器的一部分进行更详细的讨论。如果整个目标带宽都被数字化了,数字信道化可以用来选择一个信号并随其快速跳跃。只要前端信号不会被环境信号淹没并且不在饱和的频段内,这种方法就可以实现。如果工作频带存在上述风险,则最好采用窄带解决方案。鉴于物联网应用往往工作在发射功率明显受限的频段,宽带前端是一个不错的选择。

当收发机在数字化后必须执行额外的信道化操作时,该过程被称为"数字信道化"。该术语可应用于多种多址方案,包括TDMA、FDMA 和 CDMA,以上技术将在第 5 章中讨论。许多无线标准同时采用多种多址方案。常见的例子是由分成不同频率通道的多个 TDMA 信号组成的系统,用于这种系统的收发机可以数字化整个工作频带,然后通过数字信道化选择感兴趣的信道。

FDMA 系统通常采用数字下变频器(Digital Down-Converter,DDC)和数字上变频器(Digital Up-Converter,DUC)。DDC 和DUC 可以分别在接收机和发射机内的独立芯片中实现。宽带接收机数字化阶段采用的数据速率通常太大,基带控制器无法处理。将大数据速率信道化为小数据速率,使得其他设备有多种数据速率可选择。DDC 和 DUC 可以作为独立的商用货架组件(Commercial-Off-The-Shelf,COTS),这些组件也可以在 FPGA 上实例化。这是收发机硬件异构处理的一种方式。

DDC 的简化框图如图 3.18 所示。DDC 利用两个相位正交(90°异相)的正弦波来模拟欧拉公式,如式(3.2)所示。实际上,DDC 是一种直接转换架构。DDC 和直接转换架构的区别在于DDC 是数字的,不会受到模拟组件对模拟直接转换前端架构造成的任何影响,不存在 IQ 不平衡、DC 失调、本振泄漏或其他问题。DDC 的操作如图 3.19 所示。DDC 使用本地生成的正弦波将信号下变频至基带,然后隔离所选信号并降低采样率。奈奎斯特带宽的减小证明了采样率已经降低的事实。

DDC 可用于从宽带前端选择较小的带宽。这种信道化的数字

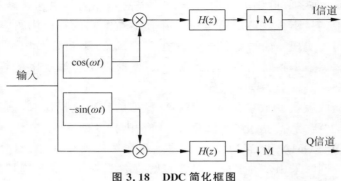

图 3.18　DDC 简化框图

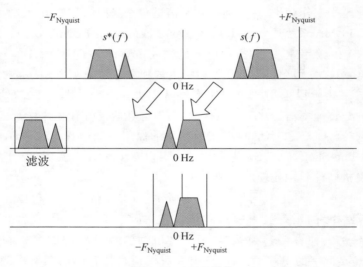

图 3.19　DDC 操作

技术能够缓解失调。在这种策略中,DCR 可以调整其频带的干扰中心,使其远离目标频带。DCR 的中心频率被调谐到偏离期望频率至少一半的目标频带宽度。然后,DDC 将目标频带下变频到基带,同时滤除 DC 不期望的共轭镜像信号。

图 3.18 中的 DDC 实现将实值带通信号转换为复值基带信号,这适用于射频采样或超外差前端。为了适应直接转换前端,图 3.18 所示的数字混频必须改变为图 3.20 所示的数字复值混频。正弦函数前的负号表示该过程为下变频;如果正弦函数前面是正号,则是上变频。

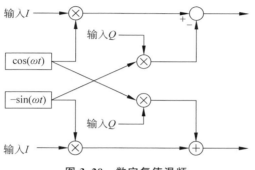

图 3.20　数字复值混频

数字上变频是在数字域中将基带上的复值信号转换为更宽的奈奎斯特带宽的过程。DUC 的简化框图如图 3.21 所示。将一个复值基带信号引入 DUC 中,基带信号被插值到更高的采样率。然后,利用相位正交的正弦波和欧拉公式将基带信号投影到一个新

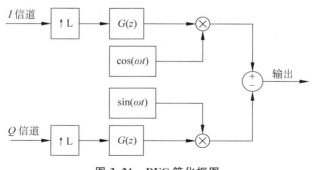

图 3.21　DUC 简化框图

的频率。DUC 的操作过程如图 3.22 所示。在该例中，一个复值基带信号被转换为一个实值带通信号。DUC 可与 DCR 一起使用。如图 3.20 所示，混频过程必须被修正，除非正弦信号为正。

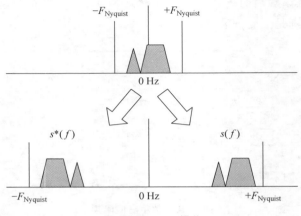

图 3.22　DUC 操作

3.2.3　基带控制器

基带控制器控制信号接收和发送的所有功能。基带控制器设置接收和发送信号时的中心频率、增益（或自动增益控制的设置点）、信道化和需要处理的其他方面。基带控制器类似于手机应用中常见的基带处理器。基带控制器在物联网应用中更为常见，而基带处理器在手机应用中更为常见。这两个术语在制造商、应用程序或其他语境有所不同。基带控制器可以是 COTS 设备，也可以是运行用户定义软件的处理器。

基带控制器在基带处理信号，从而实现所需信号的调制和解调（Modulation and Demodulation，MODEM）。文献[13]给出了该系统的一个例子。在异构系统中，通过将解调数据发送到专用于协议栈更高层的另一个设备中，并从该设备获取数据进行调制和传输。在现代通信系统体系结构中,异构处理是非常普遍的。异构处理可以包含在一个片上系统(System-on-Chip,SoC)中。

根据设计,基带处理器可以直接连接到模拟前端,从而绕过数字信道化的需要。这种配置如图 3.23 所示。在本例中,模拟前端是窄带的,以排除进一步信道化的需要。基带控制器仅需简单地接收整个数字信号。

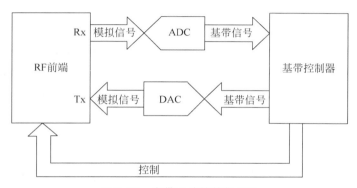

图 3.23　窄带系统的基带控制

3.3　信道基础

信道是无线系统中开发人员无法设计的部分,物理世界和使用系统的环境决定了信道。无线系统的开发人员可以对信道进行建模,可以将经验数据与所建立的模型进行对比。因此,重要的是建立一个信道基础,从而对信道进行建模,使得接收机可以减轻无线信道施加的负面影响。本节将介绍无线系统信道组件的定义和模型。

3.3.1　什么是信道

当建立一个描述无线系统的基础时,首先要问的一个问题是:什么是信道? 如何区分不同的信道? 如果调节了一个广播电台接收机的信号,是真的改变了"通道"还是只简单地"改变了频率"?答案可能是"两者皆有","信道"一词的含义需要根据上下文来定义。这一点很重要。为了消除术语的歧义,在单词 channel(信道)后面附加了各种限定语。教科书和无线标准将使用这些限定语来表示不同类型的信道,例如"物理信道""逻辑信道""频率信道"等。

物理信道描述了信号传播的介质。物理信道会对通过它的数据产生一些影响。通常这种影响是不好的。物理信道的若干模型将在后面的章节中讨论。

逻辑信道是从一个复合信号中选择一些数据子集,逻辑信道的概念与多路复用的概念有关。如果单个信号包含 10 个不同用户的数据,则该信号的逻辑信道将区分每个用户的数据。多路复用技术将在后面的章节中详细讨论。

频率信道有一个预定义的频率,当该频率被选中时,它将提供所需的信号。这意味着有时称为"广播频道"的"频率信道"可以被描述为"物理"和"逻辑"信道。频率信道的一个例子是无线电台,将其射频接收机调谐到无线电台频率,选择其所需要的广播,并从物理信道恢复所需的信号。频率信道的另一个例子是 GSM 的绝对射频信道号(Absolute Radio-Frequency Channel Numbers,ARFCN),现在被作为通用移动通信系统(Universal Mobile Telecommunication System,UMTS)的一部分。UMTS 将术语"逻辑信道"限制为频率调谐后的进一步信道选择,这一事实证明了"信道"一词含义具有语境性质。

3.3.2　简单物理信道模型

目前存在几种物理信道模型,这些模型并不一定是单独使用的,不同的物理信道模型可以结合起来,形成一个更加健壮的无线链路模型。本节将单独介绍几个模型,然后将这些模型结合起来。

1. 大尺度衰落信道与链路预算分析

本节将介绍大尺度衰落和链路预算。链路预算分析是一种试图确定当一个信号传输到一个距离较远的接收机时所产生的功率损失的方法。

链路预算确定无线链路的接收功率,同时考虑发射功率、天线增益、传播损耗和信道容限。保证接收端的最小信号功率是很重要的。链路余量考虑到这一点,并根据影响接收信号功率的各种信道效应进行计算,使其不受传播损耗的影响。

衰落是一种影响传输功率的物理现象。大尺度衰落表示在长距离范围持续影响传输功率的衰落。在大尺度衰落中,需要考虑路径损耗。式(3.5)说明了路径损耗和距离之间的关系。路径损耗与相对距离的 n 次方成正比。指数 n 与工作环境相关。对于视距链路(Line-of-Sight,LOS),指数通常为 2。无线标准或其他规范将根据环境测量信息,为非视距链路提供指数值。非视距链路常用的指数是 4。

$$L_p \propto d^n \tag{3.5}$$

简化的链路预算遵循弗里斯传输公式为:

$$P_r = P_t + G_t + G_r - L_p \tag{3.6}$$

其中,P_r 是天线接收功率,参考单位为分贝(dBm、dBW 等);P_t 是天线发射(原书有误)功率,参考单位为分贝(dBm、dBW 等);G_t 是发射天线增益,单位为 dBi;G_r 是接收天线增益,单位为 dBi;L_p 是路径损耗,单位为 dB。

天线增益与天线方向性成正比,天线的方向性与天线的波束宽度有关。通过将辐射功率集中在一个优选方向来增加增益,因此具有高增益的天线必须指向其预定目标。

天线增益和天线方向性之间的关系可以表示为

$$G = \varepsilon D \tag{3.7}$$

其中,D 是天线的方向性;ε 是天线的效率。

　　相对于各向同性天线,增益是以分贝为单位测量的。各向同性天线是一种只存在于理论中的理想天线。各向同性天线向各个方向均匀地发射功率,而有增益的天线则不能。

　　在无线系统设计中使用定向天线被称为扇区化。例如,发射基站可以使用三个 120°定向天线,这使得基站能够 360°全方位覆盖,为无线链路提供增益。这些天线覆盖的方位角为 360°,还存在仰角问题。

　　全向天线是在水平方位上均匀地发射功率,但在仰角上不均匀地发射功率的天线。天线的方向图有点像甜甜圈,这个比喻似乎不太恰当,因为全向天线的仰角波束宽度有限。任何一个全向天线所覆盖的仰角都是变化的。覆盖的仰角越小,全向天线的增益越大。低增益全向天线的增益约为 2 dBi,可以覆盖非常大的仰角。

　　天线高度也影响天线之间的接收能力。障碍物可通过天线几何结构引起信号的附加衰减。如果信号需要经过一个障碍物到达预定的接收天线,那么该信号将受到衰减。但为了分析方便,系统的物理环境中的这些细节将被忽略。

　　对于链路预算分析,路径损耗可以计算如下

$$L_{\mathrm{p}} = n \times 10\log_{10}(d) + 20\log_{10}\left(\frac{4\pi}{\lambda}\right) \tag{3.8}$$

其中,λ 是无线信号的波长,d 是发射机之间的距离,n 是大尺度衰落指数。

　　波长是影响路径损耗的一个因素,因为波长决定了天线的尺寸。较大的天线能够覆盖更大的区域,从而可以被发射机的功率辐射到。而用于较小波长(较高频率)的较小天线覆盖较小的面积。

　　注意,由波长决定的天线尺寸引起的损耗不受大尺度衰落指数的影响。天线尺寸引起的损耗也不受距离的影响。

考虑了大尺度衰落后,链路预算需要为其他影响因素提供裕度。这些影响包括物理现象,例如对数正态阴影衰落和多径衰落。其他信道损耗将稍后讨论。传输公式现在变成

$$P_r = P_t + G_t + G_r - L_p - L_m \qquad (3.9)$$

其中,L_m 为随机信道损耗引起的预期损失。

我们试着来计算一个例子。蓝牙标准指定的接收机参考灵敏度为 −70 dBm。接收机灵敏度由标准定义为接收机处的信号强度(输入功率)。标准要求接收机的误比特率要达到 0.1%。三级发射机以 0 dBm 发射,这是一个必备条件。很明显,该标准是为了使用非常便宜的组件和低性能的射频硬件接口而创建的。

发射天线和接收天线都是全向的,增益为 2 dBi。链路余量为 10 dB。工作频带为 2.4 GHz 的 ISM。该链路为简单的视距链路。在最小接收功率为 −70 dBm 的情况下,该链路的最大距离是多少?

首先,求解最大允许的路径损耗。

$$L_p = P_t - P_r - L_m + G_t + G_r \qquad (3.10)$$

最小接收功率为 −70 dBm,10 dB 的链路余量将此值增加到 −60 dBm。接收天线和发射天线的增益有所增加,允许接收功率为 −64 dBm。这意味着路径损耗必须限制在 64 dB。

现在已知最大允许路径损耗为 64 dB,可以将其与距离联系起来。根据式(3.8)中的定义,路径损耗有两个求和分量:一个分量是距离的函数;另一个分量是波长的函数。首先,计算由波长决定的路径损耗分量:

$$20\log_{10}\left(\frac{4\pi}{\lambda}\right)$$

其中,频率为 2.40×10^9 Hz,光速为 3.0×10^8 m/s,则波长 λ 为 0.125 m,计算可得损耗为 40.05 dB。

可以看出,由于天线尺寸较小,工作频带(2.4 GHz)导致 40 dB

的损耗,这意味着距离引起的路径损耗必须限制在 24 dB,有:

$$n \times 10\log_{10}(d)$$

链路为视距链路,因此大尺度衰落指数为 2。求解得到的最大距离为 15.84 m。如果链路是非视距链路,则大尺度衰落指数为 4,最大距离为 3.981 m。

上面计算的两个最大范围都远远超出了预期的工作范围。不同电源等级的蓝牙设备预期工作范围列于表 3.2 中。3 级设备预计只能在 1 m 范围内工作。3 级设备的工作范围远远小于 15.84 m。那么,上述计算中没有考虑的损失是多少呢?在 1 m 的短距工作范围内,很难在接收机和发射机之间设置像砖墙一样的障碍物。此外,表 3.2 显示了距离和预期功率之间的线性关系。

表 3.2　蓝牙功率等级和工作范围

等　　级	功率/mW	工作范围/m
1	100	100
2	2.5	10
3	1	1

式(3.5)中不存在指数为 1 的情况。然而,有一个明确的预期:当功率增加到 100 mW 时,工作范围将增加 100 倍。

这意味着 3 级设备和系统将非常便宜,但使用非常便宜的组件会产生链路损失。例如,使用的天线可能效率很低,为了达到预期的误比特率,解调器可能需要非常高的信噪比。相比之下,1 级设备预计使用的有损组件要少得多。

2. 加性高斯白噪声信道

大尺度衰落为信号在远距离传播时的功率损失提供了模型。但为什么要考虑大尺度衰落呢?是什么阻碍接收机恢复非常微弱的信号?答案主要是噪声。接收机中的噪声阻碍接收机恢复微弱信号。

加性高斯白噪声（Additive White Gaussian Noise，AWGN）信道模拟了由于热能引起的通信系统的固有噪声。AWGN 中的每个术语都有特定的含义。

（1）加性：噪声信号是加在接收信号上的，而不是与接收信号卷积或相乘，因此噪声信号用术语"加性"来描述。这种噪声被建模为在接收机开始处添加的随机信号。AWGN 信道可以单独地用于确定理论误比特率性能。当与其他信道模型一起使用时，信号经过其他信道模型后，AWGN 信道模型必须直接放置在接收机之前。传播损耗不会降低 AWGN 信道产生的噪声。AWGN 不对发射机产生任何影响，AWGN 信道模拟的是接收机的噪声。

（2）白噪声：噪声信号的每个样本都独立于其他样本。因为每个样本是独立的，所以噪声信号的自相关性会产生一个脉冲函数。随机信号的功率谱密度是自相关函数的傅里叶变换。因此，噪声信号自相关函数的傅里叶变换在所有样本中都是常数。随机过程的频域表示是以每赫兹上的功率大小为单位测量的功率谱密度。由于噪声的频谱是平坦的，因此可以描述其功率谱密度为 N_0。以功率单位衡量的噪声功率只能在定义了带宽后才能确定，如式（3.11）所示。N_p 为噪声功率，B 为接收机带宽，N_0 为噪声功率谱密度。在没有定义带宽的情况下，接收机的噪声功率是无限的[2]。

$$N_p = BN_0 \tag{3.11}$$

（3）高斯噪声：噪声信号是独立随机噪声源合成的结果。根据中心极限定理，这种由多个小噪声源构成的随机复合信号具有高斯分布的特性。其物理原因超出了本章的讨论范围，关于中心极限定理和物理噪声源的更多信息见文献[2]。

AWGN 的定义提供了对随机信号的描述，可以用来模拟接收机中固有的噪声。该噪声的功率谱密度取决于噪声源温度和接收机的有效噪声系数。文献[4]和文献[2]详细讨论了噪声系数和噪声温度。

3. 结论：简单传播信道

大尺度衰落提供了可以计算信号传输功率损失的预测模型。接收机中的 AWGN 提供可以预测发送信号克服的破坏性噪声数量的模型。接收信号的功率与接收机带宽内噪声的功率之比为信噪比（Signal-to-Noise Ratio，SNR）。SNR 与每比特能量（E_b）相关，噪声功率与噪声功率谱密度 N_0 直接相关。比值 E_b/N_0 可用作解调器设计的一个参数。给定比值 E_b/N_0 的情况下，可测试误比特率，而误比特率取决于解调器实现的细节。

接收机设计中存在两个潜在障碍：接收机硬件质量太低，无法向解调器提供足够的 E_b/N_0；解调器质量太低，无法利用接收机硬件能够提供的 E_b/N_0。链路余量允许设计者在满足标准设置的最小误比特率的前提下，避免使用代价高昂的组件。

例如，蓝牙标准指定最小接收机灵敏度为 $-70\ dBm$。在这个限度下，标准规定原始误比特率应为 0.1% 或更低。因此，接收机硬件必须能够以 $-70\ dBm$ 的灵敏度接收信号，并向解调器提供具有足够的 E_b/N_0 的数字信号，使得原始误比特率等于或低于 0.1%。0.1% 的原始误比特率表示保持闭合蓝牙链路所需的最低性能水平。"原始误比特率"表示没有进行纠错。

噪声功率可以通过接收机带宽和等效噪声温度来计算[2,4]。在正常环境温度（290 开氏度）下，噪声功率谱密度将为 $-174\ dBm/Hz$。在本例中，假设接收机的廉价组件将频谱密度增加 26 dB，从而产生 $-148\ dBm/Hz$ 的噪声基底。对于蓝牙，将接收机带宽设置为次优的 2 MHz。

在最小接收机灵敏度示例中，如果在 $-70\ dBm$ 处接收到信号，这将提供 15 dB 的 SNR。解调器必须能够在此 SNR 下以 0.1% 的误差解调信号。这合理吗？

要回答这个问题，必须看看误比特率曲线。误比特率曲线给

出了给定 E_b/N_0 情况下的误码概率。注意,误比特率曲线不是根据 SNR 绘制的。接收的 SNR 必须转换为 E_b/N_0。

3.4 误比特率和误符号率

在无线系统的设计中会讨论多种错误率,包括帧错误率、数据包错误率、误比特率和误符号率等。误比特率和误符号率是最常讨论的两个错误率。误比特率是单个比特的传输错误率;误符号率是传输符号的错误率。

误符号率在数学定义和实验测量上均为 E_s/N_0 的函数,即以焦耳(J)为单位测量的每个符号的接收能量(E_s)与以瓦特/赫兹(W/Hz)为单位测量的噪声谱密度(N_0)的函数。W/Hz 是功率谱密度的单位,可以看作能量单位的另一种表示。

信号能量的定义如式(3.12)所示。$E_x(t)$ 表示某个信号 x 在某个时间 t 的能量,是 x 随时间变化的瞬时功率的积分。在这种情况下,功率是以瓦特(W)等标准单位来衡量的。能量可以用焦耳等相应的单位来测量。

$$E_x(t) = \int_{-\infty}^{t} P_x(\tau)\mathrm{d}\tau \qquad (3.12)$$

给定符号的能量定义如式(3.13)所示。$E_s[n]$ 表示第 n 个符号的能量。第 n 个符号的能量是该符号在该时间间隔内传递的能量的积分,此时间间隔基于符号周期 T_s。

$$E_s[n] = \int_{(n-1)T_s}^{nT_s} P_x(\tau)\mathrm{d}\tau \qquad (3.13)$$

由式(3.12)和式(3.13)可知,需要知道符号的确切波形和作为时间函数传递的瞬时功率。确定在每个符号间隔中传递的能量的一个更快的方法是将信号的平均功率与符号周期相乘,可获得每个符号的平均能量的近似值。该乘积如式(3.14)所示。

$$\overline{E_s} = \overline{P_s T_s} \tag{3.14}$$

由式(3.14)可知,可以根据符号周期和接收功率快速得出每个符号的能量值。假设符号周期是符号速率 R 的倒数,结合式(3.14)和式(3.11)得到式(3.15),该式显示了 SNR 和 E_s/N_0 之间的简化关系。接收机带宽除以符号速率的比率作为 SNR 的系数,以将该值转换为 E_s/N_0。然后,可以使用 E_s/N_0 来预测误符号率。

$$\frac{\overline{E_s}}{N_0} = \frac{\overline{P_s} B}{N_p R} = \frac{B}{R} \text{SNR} \tag{3.15}$$

如果波形的调制阶数是 2,意味着只能发送"1 和 0",那么术语"比特"和"符号"是同义的。如果使用高阶调制方案,则调制后每个符号发送多个比特。因此,在高阶调制中,误符号率和误比特率是不同的。

这里还需讨论其他背景和细微差别。如果使用了前向纠错,则可以在"数据位"和"码位"之间进行区分。这就是说,可以容忍"码位"中的某些错误,并且不会导致"数据位"中的错误。许多无线标准(例如蓝牙)指定最大误比特率,意味着在应用前向纠错之前可以按比特位进行解释。如果正在讨论误符号率,则可以回避这种细微差别,并且会明确地描述由无线波形的接收和解调引起的错误。

特定系统的误符号率完全取决于实现该系统的接收机。这是因为有多种方法来解调给定信号。误符号率与所选解调方法有函数关系。例如,二进制频移键控(BFSK)信号可以相干解调或非相干解调。BFSK 的非相干解调基于相关性或鉴频器,这种实现方式可以降低误比特率曲线,也可以降低成本,不需要选择最佳的误比特率曲线,只需要满足无线链路的要求。

3.2.2 小节提到了链路余量。链路余量解释了对数正态阴影衰落、多径衰落和其他损耗。

次优的接收机设计在链路预算中通常不被视为"损耗"。但是,不好的性能肯定会对整个系统有所影响。这里有一个重要的区别,链路预算可以保证接收端的最小信号功率,前提是接收机能够在该接收信号功率下解调信号,并且不会遭受如此高的误比特率以至于使无线链路不可用。然而,如果想要制造一个价格合适但次优的接收机,则需将接收机最小灵敏度提高。

前面的例子中,在 SNR 为 15 dB 的情况下接收信号,在两倍于数据速率的情况下,接收机带宽将大于所需带宽。蓝牙的基本速率工作在调制阶数为 0.315 的两级 CPFSK 中。这些术语将在第 4 章中进行解释。

由于调制方案是两级的,所以符号能量就是比特能量,根据式(3.15),此接收信号的 E_b/N_0 为 12 dB,因为接收机的噪声带宽是数据速率的两倍。

图 3.24 描绘了存在 AWGN 的情况下该调制方案的误比特率曲线。该曲线图没有考虑高斯脉冲整形,12 dB 的 E_b/N_0 将得到小于 0.01% 的误比特率。高斯脉冲整形将在第 4 章中讨论。

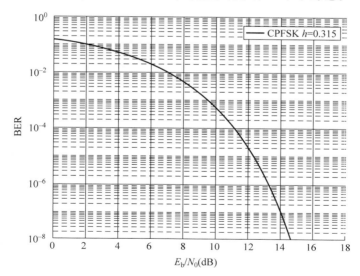

图 3.24　CPFSK $h=0.315$ 的误比特率曲线

3.5 复杂信道

在 3.3 节的基础上,本节将向信道响应添加随机元素。3.3 节介绍了由传播引起的大尺度衰落。该传播损耗和与损耗有关的接收信号功率将和 AWGN 一起影响误比特率或误符号率。本节将介绍与地面信道相关的更多更复杂的概念。深入研究电磁波在各种地形特征和障碍物环境中的传播超出了本书的范围,感兴趣的读者可以阅读文献[14]和文献[3]。

3.5.1 阴影和大尺度衰落

信号在大距离的大尺度衰落中存在随机扰动。为了解释这些随机扰动,在式(3.6)中加入了一个随机项。这些扰动对路径损耗的随机贡献遵循高斯分布或正态分布。由于随机附加损耗在对数尺度上服从正态分布,这种分布称为对数正态分布。当附加损耗以分贝的形式加在路径损耗中时,只是高斯随机变量。

3.5.2 小尺度衰落与多径信道

文献[14]对小尺度衰落进行了很好的描述。图 3.25 用一个随机模型说明了链路预算规划,并详细说明了每个影响因素。该图展示了如何进行链路估算来分析非确定性信道效应。x 轴表示距离,y 轴表示功率。信号功率损失的主要原因是大尺度衰落、接近最坏情况下的路径损耗值变化和接近最坏情况下的瑞利小尺度衰落。

第一个效应是传输引起的功率损耗。随着距离的增加,功率降低。这种路径损耗是确定的。

由路径损耗引起的功率损耗是由阴影衰落导致的不确定性大

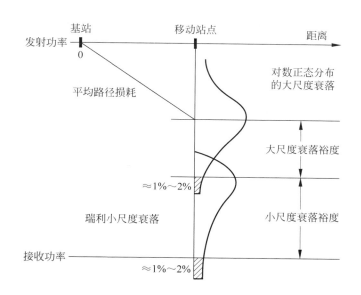

图 3.25 衰落信道的链路预算

规模损耗的平均值。阴影衰落是一种对数正态随机损耗,以路径损耗后剩余的期望功率为中心。小尺度衰落引起的损耗被加入大尺度衰落中。链路余量旨在为 98%～99% 的各种类型的衰落(大尺度和小尺度)变化提供合适的接收信号功率。为此,将小尺度衰落概率分布的平均值置于阴影衰落的下尾端(标记 98%)。然后,从小尺度衰落的末端获取期望接收功率。这种最坏情况分析允许系统设计者规划足够的链路预算。

小尺度衰落表示接收信号的幅度和相位的变化,这些变化是由接收机和发射机之间的位置的微小变化引起的。这与具有大距离效应的大尺度衰落形成对比。本节将首先讨论静止节点的小尺度衰落现象,然后讨论移动节点的小尺度衰落现象。

大尺度衰落和 AWGN 可以结合起来建立一个信道模型,在该模型中,传输距离被限制在能够使接收机恢复出发射信号的 SNR

范围内。正如讨论大尺度衰落时所提到的,物联网链路预算通常在 SNR 所需的最小和在工作距离处接收的 SNR 之间建立一个很宽的裕度。这在一定程度上取决于物联网的使用环境。这些环境通常是室内环境。室内环境是多径环境,会对接收信号造成卷积损耗。当 AWGN 是加性损耗,而大尺度衰落是乘法(标量)损耗时,多径信道引入卷积损耗意味着信道的效应是在发射机和接收机之间添加带有一些存储器的滤波器。

多径环境是指发送信号到接收机具有多条路径的环境。有时将射频传输视为一种光线传输有助于理解;也就是说,发射天线试图"照亮"接收天线。在此基础上,考虑一个屋子里有很多镜子,由反射引起的光学错觉会使一个物体在几个地方出现好几次。这就是一个多径环境,人的眼睛是接收机。从一个物体发出的光有多条路径到达人的眼睛。每条路径都有不同的相位和角度。

多径环境有三种基本机制:反射、衍射和散射。

(1)反射:发射的信号能从物体上反射出来,并重新定向到接收机。这种效果就像镜子一样。

(2)衍射:发射的信号被一个大的物体阻碍传播,在障碍物后面形成二次波。

(3)散射:散射就像粗糙镜面的反射。当发射信号从粗糙表面反弹时,能量向各个方向扩散。

这三种物理现象为信号一次发射、多次到达接收机提供了手段。如图 3.26 所示,信号从一个直接路径和两个反射路径到达接收机。

反射路径比直接路径的总距离大。更长的距离会导致更大的路径延迟和损耗,如图 3.27 所示。接收功率按时间延迟绘制。时间延迟表示从发射机发送信号到该信号到达接收机之间的延迟。对于任何传输,当信号以光速穿过发射机和接收机之间的距离时,都会有一些时间延迟。图 3.27 中 τ_0 处具有最大功率,代表常见的

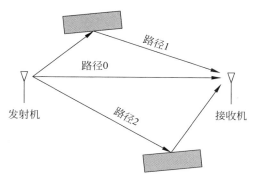

图 3.26 三路径传播示例

传播延迟和传播损耗。不久之后，同样的信号再次出现在接收机上。这些相同信号的再次出现是由于多径传播引起的。每个附加路径与主路径都有延迟和信号衰减。附加路径的延迟和功率被归一化到主路径中。

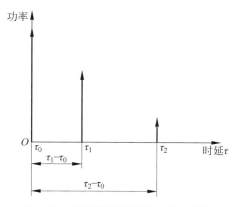

图 3.27 三路径传播示例：功率延迟

多径环境可以建模为有限冲激响应（FIR）滤波器。功率延迟曲线可以被视作建模为 FIR 滤波器的"信道滤波器"中的系数。因此，信道具有信道冲激响应，如图 3.28 中的组合信道模型所示。

该信道具有冲激响应 $h(t)$，并且噪声在接收机之前添加。

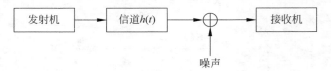

图 3.28　组合信道模型

　　信道冲激响应可能会"污染"符号，导致符号能量超过符号周期，并混入其他符号中，这种干扰称为"符号间干扰"(ISI)。ISI 对于接收机来说是一个严重的问题，需采用技术手段来解决这个问题。其中一些方法可在发射机处缓解。如果传输波形不具有适当的频带限制，则信道冲激响应可能会产生更多不期望的影响。这将在下一章中进一步讨论。

　　无线物联网的真实环境包括办公楼、公寓楼和工厂。无线物联网在充满障碍物、反射、衍射和散射的环境中工作。对任何一个环境的物理特性的全面分析都是非常重要的。此外，每个环境都是独特的。文献[15]提供了物联网相关的信道模型。文献[16]比本章更详细地介绍了信道建模，并且对阅读文献[15]中概述的模型有所帮助。

参考文献

1 R. G. Lyons, *Understanding Digital Signal Processing.* Upper Saddle River, NJ: Prentice Hall, 2010.

2 B. Sklar, *Digital Communications: Fundamentals and Applications.* Upper Saddle River, NJ: Prentice Hall, 2001.

3 T. S. Rappaport, *Wireless Communications: Principles and Practice.* Upper Saddle River, NJ: Prentice Hall, 2002.

4 D. Pozar, *Microwave Engineering.* Hoboken, NJ: John Wiley & Sons, 2005.

5 A. Parssinen, *Direct Conversion Receivers in Wide-Band Systems.* Boston: Kluwer Academic Publishers, 2001.

6 J. Tsui, *Digital Techniques for Wideband Receivers*. Raleigh, NC: SciTech Publishing, 2001.

7 E. H. Armstrong, "A new system of short wave amplification," *Proc. IRE*, vol. 9, no. 1, pp. 3–11, 1921.

8 A. Abidi, "Direct-conversion radio transceivers for digital communications," *IEEE J. Solid-State Circ.*, vol. 30, no. 12, pp. 1399–1410, 1995.

9 B. Razavi, "Design considerations for direct-conversion receivers," *IEEE Trans. Circuits Syst. II, Analog Digit. Signal Process.*, vol. 44, no. 6, pp. 428–435, 1997.

10 M. Windisch and G. Fettweis, "On the impact of I/Q imbalance in multi-carrier systems," in *IEEE Int. Symp. Circuits Syst.*, New Orleans, LA, May 2007, pp. 33–36.

11 S. Ellingson, "Correcting I-Q Imbalance in Direct Conversion," The Ohio State University, ElectroScience Laboratory, 2003.

12 J. H. Reed, *Software Radio: A Modern Approach to Radio Engineering*. Upper Saddle River, NJ: Prentice Hall, 2002.

13 K. Chen and H. Ma, "A low power ZigBee baseband processor," in *Int. SoC Des. Conf.*, Busan, South Korea, Nov. 2008, pp. I-40–I-43.

14 B. Sklar, "Rayleigh fading channels in mobile digital communications systems. Part I: Characterisation," *IEEE Commun. Mag.*, vol. 35, no. 9, pp. 136–146, 1997.

15 A. Molisch, K. Balakrishnan, C. Chong, S. Emami, A. Fort, J. Karedal, J. Kunisch, H. Schantz, U. Schuster, and K. Siwiak, IEEE 802.15.4a Channel Model - Final Report, 2004.

16 F. P. Fontan and P. M. Espineira, *Modeling the Wireless Propagation Channel: A Simulation Approach with MATLAB*, John Wiley & Sons Ltd., 2008.

第 4 章

CHAPTER 4

调制解调层

研究无线标准时，一定要记住制定标准的最终目的是使用标准，并且开发人员能用这个标准开发出可以发送和接收数据的设备。无线标准有时会出现不精确的情况，因为该标准不是编写给开发人员的一组指令，而是为开发提供必要的测试指标和最低要求。由无线标准可以推广出许多不同的实现方式。无线标准同时为行业提供很大的竞争空间。

无线标准是随着经济的发展而变化的。无线标准的制定通常留有一定的空间，以便满足市场的需求。例如，在手机网络中，通过将无线系统的复杂性分散到集中式基站设备上来降低用户设备的成本。

由于无线物联网基于数字数据，所以无线物联网依赖数字调制方案。这些数字调制方案要求无线物联网标准的物理层利用数字信号处理技术以实现波形的调制和解调。

数字信号处理技术通常非常深奥，不易理解，可能导致读者无法完全理解无线标准所要求的深层原因。应用第一原理理解标准中的相关概念，可以帮助读者更好地理解其深层内涵，并且做出创新。

本章介绍协议栈中调制解调层的模型，如图 4.1 所示。调制解调层在媒体访问控制层和射频层之间。

图 4.1 协议栈：调制解调层

图 4.1 协议栈：调制解调层

本书将物理层分为射频层和调制解调层两个章节来介绍。射频层侧重于介绍通信理论中的物理概念及其无线物联网标准中的应用。本章将阐明调制和解调两部分内容，会涉及无线通信物理层的全部内容。本章还将介绍无线物联网标准采用的各种波形和不同波形的优缺点，以及怎样通过所需的应用和收发机硬件驱动来选择这些波形。由于本书不能涵盖与调制解调器设计相关的所有概念，因此将提供一些参考资料供读者进一步研究。

4.1 信号模型

本节将构建包含噪声的复信号模型。将从信号的表示开始介绍该模型，然后讲解复平面中噪声的特性，最后将二者都表示出来。

4.1.1 复信号

如第 3 章所述，使用复值表示有其优点，所以强烈建议使用复信号模型。该模型的解析表达式如式（4.1）所示。

$$s(t) = M(t)e^{j\theta(t)} \tag{4.1}$$

复信号的幅值和相位是独立的并且是随时间变化的。幅值 $M(t)$ 始终是正值，幅值用振幅表示。当振幅改变符号时，幅值不变,但相位会反转 180°。后面在 4.3.1 小节中讨论线性调制时会用到这个结论。目前,不用考虑幅值和相位随时间变化的意义。

式(4.1)所示的模型也可以表示为分离的实部和虚部,如式(4.2)所示。

$$s(t) = s_I(t) + js_Q(t) \tag{4.2}$$

实部是同相分量,下标为 I;虚部是正交分量,下标为 Q。式(4.2)中的实部和虚部与式(4.1)中的相位和幅值有关,如式(4.3)和式(4.4)所示。

$$M(t) = \sqrt{s_I^2(t) + s_Q^2(t)} \tag{4.3}$$

$$\theta(t) = \arctan\left(\frac{s_Q(t)}{s_I(t)}\right) \tag{4.4}$$

arctan 是反正切函数,用于计算出复数的角度大小。复信号的瞬时频率是瞬时相位的时间导数,如式(4.5)所示。

$$\omega(t) = \frac{d\theta(t)}{dt} \tag{4.5}$$

第 3 章中讲到,实信号的频谱表现出共轭对称性,这意味着对于正频率范围内的每个频率分量,在负频率范围内存在复共轭分量,如图 4.2 所示。因为负频率范围内的信息很多且并不唯一,所以只需要确定实信号频谱的正频率范围,仅显示正频率范围的频谱称为单边频谱。复信号的频谱与实信号的频谱不同。复信号没有共轭镜像,也就是正频率和负频率范围相同。因此,复信号必须确定正、负频率的范围。显示正频率范围和负频率范围的频谱称为双边频谱。

在第 3 章中简要讨论的奈奎斯特采样定理对要采样的信号带宽施加了上限,在给定采样率下没有频谱混叠。通过该定理可以知道,如果要避免频谱混叠,则信号的频率分量可以在正方向或负方向上超过采样率的一半。这个限制(采样率的一半)被称为奈奎斯特频率,并且在正负奈奎斯特频率之间定义的带宽等同于采样

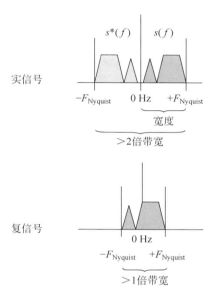

图 4.2　实信号和复信号的频谱

率。如果要避免混叠,信号的正、负频率分量必须符合此限制。因此,实信号限制范围小于奈奎斯特频率带宽,因为实信号在共轭镜像上只展示其双边频谱的一半。相比之下,复信号使用两个频率范围,所以限制范围是小于采样率带宽。

复信号在基带(约 0 Hz)处可以表现为星座点。星座点由复平面上的一组有限的点组成,信号在星座点处被映射为对应的数字数据进行发送,4.3 节中将会详细介绍。在寻址星座时,信号将处于基带的位置。

复信号可以存在于基带或某些中频。前面已经介绍过中频。信号可能由于多种原因而处于中频,例如有意地将复信号置于中频,包括失调。除了人为设置外,发射机和接收机之间的频率不匹配也可能导致信号自动偏离 0 Hz。这种频率偏移或不匹配可以通过载波同步来校正,这将在 4.4.3 节中介绍。

4.1.2　复噪声

复噪声的表达式如下所示。

$$n(t) = n_1(t) + jn_Q(t) \qquad (4.6)$$

同相分量和正交分量分别用下标 I 和 Q 表示。

如第 3 章所述,通过中心极限定理,I 分量和 Q 分量都服从高斯分布。为了求解复合幅值,采用了毕达哥拉斯定理。对 I 分量和 Q 分量先求平方和,然后再取该平方和的平方根。这种复合幅值服从瑞利分布。瑞利分布是两个高斯变量平方和的平方根,如式(4.7)所示。

$$| n(t) | = \sqrt{n_1^2(t) + n_Q^2(t)} \qquad (4.7)$$

噪声信号具有相位,并且该相位对于噪声施加给信号的影响很重要。将 Q 分量除以 I 分量然后取该比值的反正切函数可求出复合相位。复合相位遵循均匀分布。图 4.3 中绘制了一组复噪声,可以看出瑞利分布噪声的相位是均匀分布的。

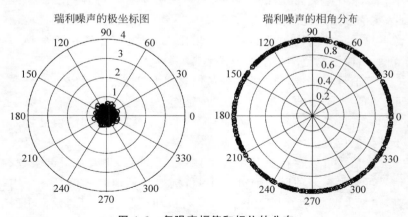

图 4.3　复噪声幅值和相位的分布

4.1.3 叠加信号模型

如 4.1.2 节所述,当信号被加到复噪声中时,信号和的幅值分布将会从瑞利分布变为莱斯分布[1]。总接收信号 r 由所需信号 s 和噪声 n 组成。随着信号强度越来越大,噪声将被推离复平面的中心,如图 4.4 所示。

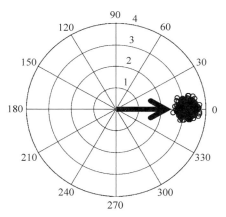

图 4.4 复噪声随着载噪比(CNR)的增加而变化

上述过程的结果是,接收到的所有信号的和会遵循莱斯分布。图 4.5 绘制了噪声信号的复数样本集合。可以看出,莱斯分布信号的幅值和相位是随机的,但是信号会聚集在所需信号的幅值和相位附近。

在所有调制方案的星座中都可以看到这种莱斯分布。例如 QPSK,如图 4.6 所示。需要注意,因为信号将噪声推向复平面的不同部分,所以噪声信号以星座点为中心。

叠加信号模型如图 4.7 所示。该信号为复平面中的特定点提供极坐标向量的瞬时幅值和相位。该点是一个星座点。相位的变化率是频率偏移。复平面上的星座点被噪声分布所包围。接收机

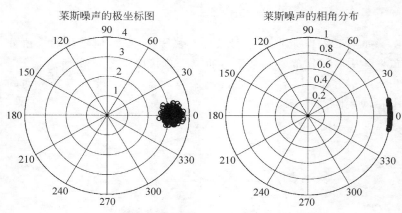

图 4.5 莱斯分布信号

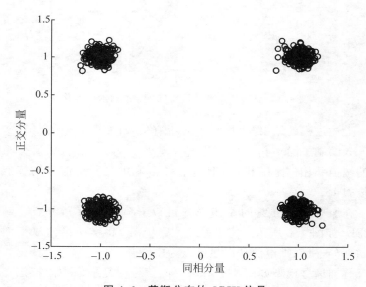

图 4.6 莱斯分布的 QPSK 信号

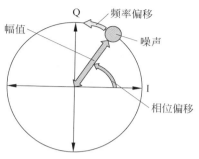

图 4.7 叠加信号模型

接收的载波相位不同于接收机本地振荡器的相位。频率偏移和相位偏移被附加到复信号模型,如式(4.8)所示。

$$s(t) = M(t)e^{j[\theta(t)+\omega t+\theta_0]}$$

(4.8)

4.2 脉冲成形

脉冲成形是将数字数据(脉冲)转换为可以用波形传输的过程。所有符号均来自脉冲形成的数字数据。即使一个比特的方波,也会由脉冲成形为方波。原始的数据以数据率进行采样并且没有波形,而且是以逻辑电平形式存在的。该数字数据可以上采样为一系列脉冲,如图 4.8 所示。然后,脉冲成形滤波器调节该脉冲序列,得到所需的符号波形。

如果没有对发送信号进行适当的频带限制,那么发送的信号可能会干扰相邻信道。对相邻信道的干扰称为相邻信道干扰(Adjacent Channel Interference,ACI)。无线标准对这种信道外干扰有明确的规定。传输方波脉冲时很容易超过对 ACI 的限制。还要注意的是,无线信道是有带宽限制的,可能会对其他信号产生一定的影响。发射机硬件将强制限制带宽。在一些设计中,只要不对滤波产生不良影响,允许发射机硬件进行频带限制以节约成本。

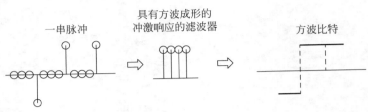

图 4.8　脉冲成形：方波比特

物联网标准通常需要某种形式的脉冲成形。因为限制符号带宽的最佳解决方案是在调制之前限制其带宽。物联网协议标准需要不同类型的脉冲成形滤波器,包括升余弦滤波器、根升余弦滤波器、高斯滤波器和半正弦滤波器。本节将探讨前三种类型的滤波器。半正弦滤波器将在后面讨论,因为它是应用在调制解调技术当中的。

脉冲成形要求每个符号使用多个样本,否则符号不能及时成形。因此,过采样率是脉冲成形滤波器设计中的关键参数。图 4.8 显示了一个过采样率为 4 的符号。图 4.8 中的示例仅跨越一个符号长度,因此无法将符号相互混叠。如果滤波器的采样周期更长,则将影响其他符号输出的能量。跨越多个符号的脉冲成形滤波器将造成 ISI。

图 4.8 显示了用于将数字数据转换为波形的插值方法。然而,这种仅跨越一个符号的内插滤波器不能充分限制数据的带宽。为了有效地限制数据的带宽,脉冲成型滤波器将跨越多个符号。

可以设计一种防止 ISI 的脉冲成形滤波器。奈奎斯特 ISI 准则提供了一个可用于防止脉冲成形中的 ISI 的规则,即脉冲成形滤波器可以被设计成只输出一个符号。接收机将以符号速率对脉冲成形滤波器的输出进行采样。只要卷积结果中每个符号周期都只有一个符号,则理论上接收机可以恢复出没有 ISI 的符号数据。为此,脉冲成形滤波器的冲激响应必须满足式(4.9),使得滤波器在除当前符号之外的任何 nT_s 处的系数为零。

$$h(nT_s) = \begin{cases} 1, & n=0 \\ 0, & n=1 \end{cases} \tag{4.9}$$

　　考虑图 4.9 中的曲线,正弦函数在零点处是对齐的。每个正弦函数的峰值与图中所有其他正弦函数的零值对齐,这说明了奈奎斯特 ISI 准则。

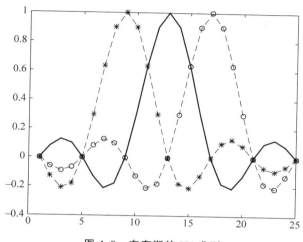

图 4.9　奈奎斯特 ISI 准则

　　用于线性调制技术的物联网标准通常使用升余弦滤波器或根升余弦(Root-Raised Cosine,RRC)滤波器作为奈奎斯特 ISI 脉冲成形滤波器。值得注意的是,两个根升余弦滤波器的卷积结果是升余弦滤波器。

　　一个根升余弦滤波器与另一个根升余弦滤波器卷积后可成为零 ISI 滤波器。因此,在接收机处使用根升余弦滤波器的标准要求在发射机处也需要使用根升余弦滤波器。在发射机和接收机处采用根升余弦滤波器可使脉冲成形滤波器满足奈奎斯特 ISI 准则,并且还增加了"匹配滤波"的优点。匹配滤波在文献[2]中有说明。匹配滤波器可以将信号的瞬时 SNR 提高 3 dB[2]。

　　有些物联网标准要求在发射机处使用升余弦滤波器。升余弦滤波器本身符合奈奎斯特 ISI 准则。然而,当与另一个升余弦滤波器进行卷积后,则 ISI 被重新引入。使用升余弦滤波器不能进行匹配滤波。与使用根升余弦滤波器相比,不用匹配滤波可以使得接收机的计算成本降低,但是也就缺少了匹配滤波的优点。

无 ISI 的脉冲成形滤波器在滤波器的阶跃响应中产生过冲和振铃。图 4.10 显示了用于线性调制的物联网标准中的两个脉冲成形滤波器的滚降系数对比。随着滚降系数增大,过冲和振铃也会减少。过冲和振铃的减少是以增加带宽为代价的。图 4.11 显示了这两个脉冲成形滤波器输出数据的频谱与方波脉冲的正弦函数频谱的比较。

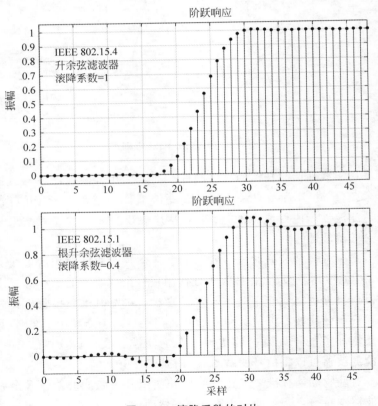

图 4.10 滚降系数的对比

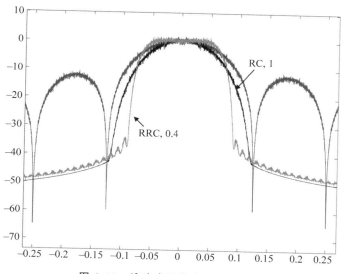

图 4.11　脉冲成形滤波器频谱比较

　　并非所有采用脉冲成形的无线标准都使用无 ISI 的脉冲成形滤波器。有些标准旨在最大化传输信号的频带限制,摆脱了 ISI 的限制。这在采用 FSK 的无线标准中很普遍。线性调制方案允许的过冲和振铃在 FSK 方案中是不可行的,因为 FSK 方案受到最大频率偏差的限制。常用于这些无线系统的脉冲成形滤波器是高斯脉冲成形滤波器。高斯脉冲成形滤波器跨越多个符号并且不满足奈奎斯特 ISI 准则。这意味着高斯脉冲成形滤波器会对发射信号增加 ISI。高斯脉冲成形滤波器的阶跃响应和冲激响应如图 4.12 所示,没有过冲或振铃。冲激响应不振荡,因此没有机会过零点。高斯脉冲成形滤波器的剩余带宽由带宽时间乘积定义,在蓝牙中此值为 0.5。

　　IEEE 802.15.4 标准讨论了半正弦脉冲成形滤波器。事实上,这是 MSK,本章后面会讨论。

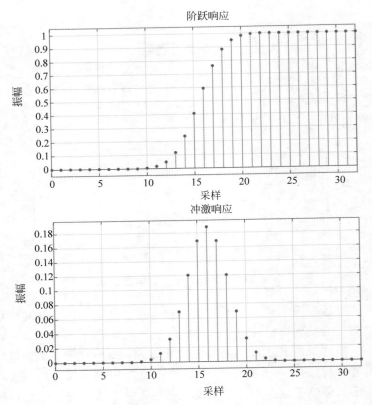

图 4.12 高斯脉冲成形滤波器

4.3 调制技术

在阅读与物联网相关的标准时,读者将会遇到几种调制和扩频方案。因此,了解这些概念将有利于对物理层标准进行更深入的研究。这些专业术语和相关内容将在后面多次提到。

为什么要对数据进行调制呢？为什么不在基带传输所有内容？原因在于天线的尺寸。如果想要在基带上传输数据，将需要一个非常大的天线。调制是通过改变载波信号的参数来传输以该载波频率为中心频率的数据的行为。它的优点是能够采用多址接入和多路复用技术。这也能够大幅度减小通信系统使用的天线的尺寸。如果天线尺寸被设计成所选频率的波长的一半，那么频率越高，天线尺寸越小。

模拟调制技术被称为"调制"，例如"幅度调制"或"频率调制"。数字调制技术被称为"移位键控"，例如"相移键控"和"频移键控"。频移键控是将数字数据作为调制信号的一种调制方式，也是与物联网相关的数字调制形式。

在调制方案中，调制信号是承载数据的信号。载波是要被调制的信号。调制信号必须通过某种方式将其自身嵌入载波信号中。调制有两种基本类型：线性调制和角度调制。二者的区别在于信号是否被表示为具有幅度和相位的复指数。调制信号的频率是该相位相对于时间的导数。

为特定波形选择的调制方案定义了如何将数字数据转换为波形。数字数据（以比特为单位）以某种比例压缩成"符号"。对于二进制调制方案，每个符号只含有一个比特。其他方案中每个符号也可以使用两个或更多比特。将这些符号映射到复平面。在线性调制中，符号被映射到复平面上的固定点。在角度调制中，符号可能被映射到复平面上的特定位移。传输的信号不会在复平面上点到点地瞬时切换，因为这需要无限大的带宽。过采样允许接收机接收多个样本。这些样本可以沿着连接星座符号的路径跟踪信号的运动。这在讨论同步恢复机制时很重要。当接收机将信号进行下变频并执行完所有必要的同步之后，可以将采样率设置为每个符号一个采样，这会给人一种在星座图中从一个符号点瞬间转换到另一个符号点的错觉。

　　线性调制和角度调制方案都适用于物联网。为给定的物联网应用选择调制方案是为了满足该应用的独特需求。本节将探讨这些调制技术并讨论使用这些技术时需要的权衡。

4.3.1　线性调制

　　当调制信号乘以载波信号的幅度时，将会发生线性调制。得到的乘积是已调信号，数据信息主要包含在已调信号的幅度中。

　　本节中的所有调制方案都应按复基带来分析。这些调制信号的上变频由收发机处理。

　　需要注意的是，线性调制中的数据信号可以是复数值。数据被映射到复平面上的不同点（星座符号），如图 4.13 所示。角度调制与此不同，它的数据信号被严格限制为实数。线性调制中的数据信号可以是复数，这意味着可以对载波进行正交调制。实信号可以用"正交调制器"表示，如图 4.14 所示。图中的正弦分量和余弦分量分别携带数据信号的 I 分量和 Q 分量。图 4.14 中的正交调制器与 DUC 具有相同的结构，但正弦输入分量的符号不同，后面再对此进行讨论。因此，DUC 可以用作线性调制系统的正交调制器。将图 4.13 中的符号映射与图 4.14 的上变频相结合，可为任何线性调制系统生成线性调制器。在符号映射之后将进行脉冲成形。脉冲成形分别应用于信号的实部和虚部。

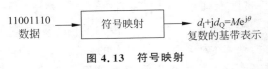

图 4.13　符号映射

　　对调制信号幅度的影响也可以影响调制信号的相位。当使用带符号的实数或复数调制信号时，调制信号的相位将随原始载波相位的改变而改变。术语"相移键控"就是由于这种相位辅助效应而来。不过，用"相移键控"来描述其实不是很准确，因为该术语有

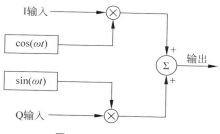

图 4.14　正交调制器

时会让人们误以为是直接调制相位(角度)。相移键控是线性调制的一种形式,本节将会进行阐述。

因为线性调制方案调制载波的幅度,所以调制信号的包络会发生变化。这可能会导致峰均功率比较宽,从而使功率放大器效率降低。线性调制方案通常需要使用线性放大器。线性放大器本身效率很低。因此,如果在电池供电的手持设备中使用线性放大器,会对电池的寿命有很大影响。

相比于角度调制,线性调制可以得到更好的误比特率。也就是说,与角度调制相比,线性调制更适用于高阶调制(每个符号包含更多的比特数)。

1. 实值线性调制

首先要探讨的线性调制类型是实值线性调制。实值线性调制是指符号点沿复平面的实轴出现。有许多调制方案都是这样的,例如与物联网相关的 BPSK 和 M 进制 ASK。

BPSK 的两个符号位于实轴上,并且距原点的距离相等。BPSK 星座图如图 4.15 所示。这种形式称为"双极性"。文献[3]对双极性和正交信号给出了很好的解释。当信号在逻辑电平之间切换时,信号沿实轴在这些点之间移动,并且穿过原点。也就是说,信号的幅度会随着逻辑电平的变化而降低为零。

当信号穿过原点时,会使载波的幅度发生"相位反转",该过程

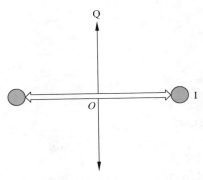

图 4.15   BPSK 星座图

如图 4.16 所示。通过控制载波幅度的符号,BPSK 信号将载波的相位改变 180°。图 4.16 所示分别是未经滤波的情况和已进行脉冲成形的情况。在未经滤波的情况下,调制信号的符号瞬间从正变为负。在经过脉冲成形或滤波的情况下,信号的幅度逐渐减小,直到它穿过复平面的原点,然后切换符号。如果加上噪声,则当信号减小时,和信号能接近原点时符号会随机切换。

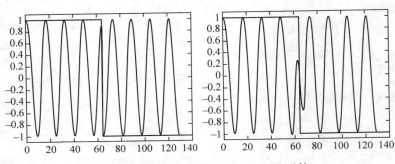

图 4.16   使用 BPSK 对载波进行相位反转

具有方波脉冲的 BPSK 信号的频谱是正弦函数,其主瓣的零到零带宽等于数据速率的两倍。使用脉冲成形可以减小此带宽,减小量取决于该脉冲成形滤波器的剩余带宽。

BPSK 必须进行相干解调,这意味着接收机必须与发射机的频率和相位同步。BPSK 调制中会出现的问题是,在该同步中存在潜在的 180°不确定性。接收机可以将 BPSK 符号与实轴对齐,但是没有附加信息,所以不知道第一个符号是+1 还是-1。差分编码为此问题提供了解决方案。差分编码器是由延迟和异或(XOR)运算组成的一阶反馈环路。差分编码器应用于发射机。差分解码器进行的是前馈异或运算,当前比特与前一比特进行异或运算。差分编码和解码的流程图如图 4.17 所示。差分解码器应用于接收机。每一个逻辑电路都产生布尔代数关系,并且具有逆运算关系,如式(4.10)和式(4.11)所示。符号 $s(k)$ 由数据 $d(k)$ 编码,然后从符号中解码数据。初始符号 $s(0)$ 是一个常数。

$$s(k) = s(k-1) \oplus d(k); \; s(0) = C \tag{4.10}$$

$$d(k) = s(k) \oplus s(k-1) \tag{4.11}$$

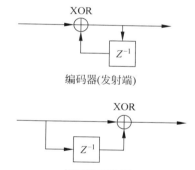

图 4.17 差分编码和解码的流程图

因为差分解码器中的每个比特位的解码结果取决于前面两个比特位的编码结果,所以差分编码二进制相移键控(DBPSK)的误比特率性能会受到影响。一个编码比特的判决错误会导致两个解码比特的判决错误。接收机的前馈部分是很重要的。如果反馈部分是在接收机中实现的,那么一个比特的误码将在此后每个解码比特的反转。

实值线性调制的另一种形式是 M 进制 ASK,即存在 M 个符号点。在 M 进制 ASK 中,有 $\log_2 M$ 个串行比特被并行化为一个字,然后将该字映射为实轴上的点。实轴上的点有正有负,并且与相邻的点等距。例如,四进制 ASK 调制方案中每个字有两个比特,映射到集合 $\{-3,-1,1,3\}$。这是讨论 ASK 调制的常见示例。为了深入研究这种类型的调制,这组值将被"归一化"以与发射放大器保持一致,即集合变成 $\{-1,-1/3,1/3,1\}$。随着可能值的集合变大,每个值之间的距离会变小。这意味着在有噪声的信道中,即使具有高 SNR,来自较大集合的值也将变得模糊。这种现象与信道容量限制有关,读者可以通过文献[3]获得更详细的信息。集合中的值不一定都是正的或者都是负的。例如,开关键控(On-Off Keying,OOK)使用值集合 $\{0,1\}$ 并且不需要相干解调。然而,OOK 与本书讨论的物联网波形无关。

IEEE 802.15.4 标准同时使用 DBPSK 和 ASK。ASK 是 IEEE 802.15.4 标准中的可选调制方案。然而,IEEE 802.15.4 标准不遵循上述 M 进制 ASK 的传统示例。IEEE 802.15.4 标准将幅度调制与并行序列扩频技术相结合,本章稍后将对此进行更详细的介绍。重要的区别在于,IEEE 802.15.4 标准不是从并行比特中形成一个字,而是将各个比特的符号应用于各个扩频码,然后对每个操作的输出求和。因此,IEEE 802.15.4 标准中的 ASK 调制传输的不是传统意义上的 M 进制 ASK。这使得 IEEE 802.15.4 标准可以使用 5 比特和 20 比特的字进行调制。

2. 正交线性调制

利用复平面的实轴和虚轴的线性调制称为正交线性调制;四进制正交幅度调制(Quadrature Amplitude Modulation,QAM)称为正交相移键控(QPSK)。QPSK 可被视为两个相位正交的 BPSK 信号。考虑图 4.14 中的正交调制器。余弦调制和正弦调制输入都可用于产生 BPSK 信号。如果数据流被并行化为具有 2 个比特的字,则可以在相同频率的两个相位正交载波上同时调制两个比特,产生的星座图如图 4.18 所示。两个相位正交的 BPSK 信号就像标准 BPSK 一样通过原点移动。

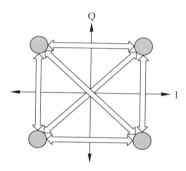

图 4.18　QPSK 星座图

表 4.1　示例映射:位与相位变化

比　　特	相变 $\theta(k)$
00	0
01	$\pi/2$
10	$-\pi/2$
11	π

由于每个星座点都是独立的,所以传输的符号可以改变一个比特而在另一个比特上不改变,将导致 $90°$ 的移位而不是 $180°$ 的移位。因为每个符号含有 2 个比特,所以符号周期是比特周期的两倍。也就是说,每发送一个新符号都需要为发射机提供 2 个比特,QPSK 使用与 BPSK 相同的带宽,使 QPSK 的频谱效率提高两倍。

和 BPSK 一样,QPSK 同样也需要被解调。QPSK 和 BPSK 都存在相位模糊。差分编码可以用来解决 BPSK 和 QPSK 中的相位模糊问题。但是 BPSK 中采用的布尔逻辑差分编码方法不适用于

QPSK,因为它不能解决相差 90°的模糊问题。因此,QPSK 的差分编码将比特嵌入相位差中。也就是说,利用相位状态之间的转换传递信息。每个符号的相位是当前符号的 QPSK 映射相位加上先前每个符号的 QPSK 映射相位的总和。该过程用表 4.1 和式(4.12)表示。表 4.1 显示了每个符号都是从一个 2 比特的字映射而来的,得到的结果是集合 $\{0,\pi/2,3\pi/2\}$ 中的相位变化值。表中给出的值是假设值。DQPSK 的下一步是将当前相位与所有先前相位相加,对 2π 取模。这可以通过复数乘法来实现,如式(4.12)所示。初始符号相位 $s(0)$ 是一个常数。请注意,式(4.12)表示反馈关系,下一个输出取决于上一个输出。因此,求解此差分编码的过程是前馈的。每个解码符号的相位可以由当前编码符号的相位减去前一个编码符号的相位来确定。例如,如果接收信号的相位不变,则传输的都是逻辑低电平。如果数据的相位发生了旋转,则通过相位旋转的方向可以确定这两个比特中哪一比特是逻辑高电平。如果相位发生反转,则传输的都是逻辑高电平。

$$s(k) = s(k-1)\mathrm{e}^{j\theta(k)} \,; \, s(0) = \mathrm{e}^{j\phi} \tag{4.12}$$

QPSK 引入了一种新的不确定性,称为共轭模糊,如图 4.19 所示。匹配 DDC 和 DUC 如图 4.20 所示。为了避免共轭模糊,需要进行匹配。模糊是正交调制器求和时使用正负号导致的结果。如第 3 章所述,传统的 DUC 设计将共轭镜像推向负频率。正交调制器将共轭镜像推送到正频率,如图 4.14 所示。这种差异导致星座图相对于虚轴互为镜像。因此,在解调时,必须知道 2 比特的字到正交符号的精确映射。

与 BPSK 一样,QPSK 信号穿过复平面的原点,穿过原点的一系列星座点的运动产生高度可变的信号包络。由于信号包络是高度可变的,所以发射机需要一个线性放大器。线性放大器的效率远低于非线性放大器,这是一个很重要的约束。有几种机制可以减轻信号包络中的可变性以便减轻这种约束。由此产生的调制方

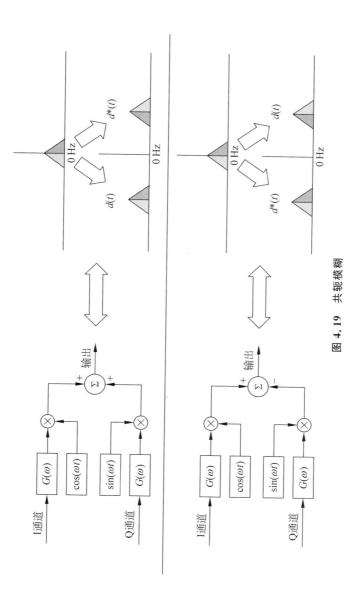

图 4.19　共轭模糊

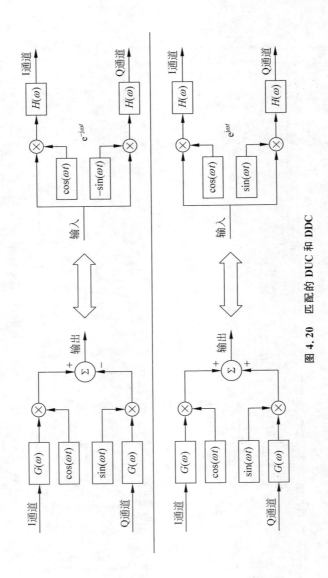

图 4.20 匹配的 DUC 和 DDC

案被称为"准恒定包络",因为这些调制方案减少了被调制信号的包络的变化。对 QPSK 进行修正的一个方案是 π/4-QPSK。之所以称为 π/4-QPSK,是因为星座图在每 2 比特符号后旋转 45°(π/4弧度)。得到的星座图有 8 个星座点,但每次只能使用 4 个星座点。π/4-QPSK 星座图如图 4.21 所示。最上面的符号的运动如图 4.21 中的右图所示。任何 2 比特的字都可能是下一个符号,但所有允许的转换都不会通过原点。因为星座图已经旋转,不管下一个星座点在哪里,信号都不会通过原点。

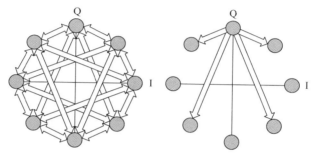

图 4.21 π/4-QPSK 星座图

另一种缓解这种约束的方法称为偏移 QPSK。比特流在时间上可以偏移半个比特周期。这种时间偏移产生一种称为偏移QPSK 或 OQPSK 的调制方案。OQPSK 与 QPSK 的星座图相同,但不可能通过原点移动,因为一个比特值的符号会保持至少半个比特周期。OQPSK 调制器框图如图 4.22 所示。OQPSK 调制器和 QPSK 调制器之间的主要变化是延迟 1/2 符号周期。OQPSK星座图如图 4.23 所示。请注意,符号不能再通过原点进行转换。

OQPSK 是一种线性调制方案。需要注意的是,该术语在IEEE 802.15.4 标准中的用法不同。可以改造 OQPSK 来创建一种称为 MSK[4] 的角度调制形式。OQPSK 一词可以在某些频段用作 IEEE 802.15.4 标准物理层的标签,但实际上调制方案是MSK,后面将会介绍。

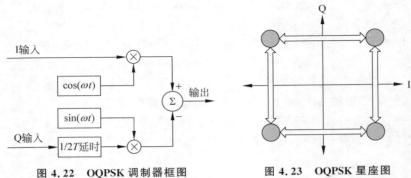

图 4.22　OQPSK 调制器框图　　　　图 4.23　OQPSK 星座图

　　蓝牙使用两种调制机制来增强 EDR,即 π/4-DQPSK 和 8DPSK。π/4-DQPSK 和所有 QPSK 一样,每个符号有两比特。因此,对于任一符号周期,只有 4 个合法符号。π/4-DQPSK 类似于 π/4-QPSK,通过旋转 4 点星座图来创建 8 点星座图。旋转是通过用于差分编码的特定相位变化值实现的。π/4-DQPSK 使用集合 $\{\pi/4, 3\pi/4, -3\pi/4, -\pi/4\}$ 的相位差值,这意味着星座图在每个符号周期内至少旋转 $\pi/4(45°)$,也是 π/4-DQPSK 将 π/4 旋转引入 DQPSK 调制方案的方式。π/4-DQPSK 和 DQPSK 均遵循式(4.12)。另一种蓝牙 EDR 调制方法是 8DPSK。8DPSK 就是差分 8PSK。顾名思义,8PSK 有一个 8 点星座图。8PSK 的每个符号含有 3 比特,而 QPSK 符号只使用 2 比特。因此,对于任何一个符号周期,复平面上都有 8 个有效的符号值。对于 8PSK,3 比特的字映射到集合 $\{0, \pi/4, \pi/2, 3\pi/4, 5\pi/4, 3\pi/2, 7\pi/4\}$ 中的符号值。8DPSK 通过式(4.12)实现差分编码,其中每个符号的每个相位是当前映射的相位和所有以前符号相位的总和。对于 8DPSK,3 比特的字映射到集合 $\{0, \pi/4, \pi/2, 3\pi/4, 5\pi/4, 3\pi/2, 7\pi/4\}$ 中的相变值。注意,相位变化可能为 0,这意味着星座图不旋转。图 4.24 显示了 8PSK 和 8DPSK 的星座图。8PSK 和 8DPSK 都不能旋转星座图。每个符号值都可以转换为任何其他符号值。因此,两种调制方案都允许通过原点的转换。

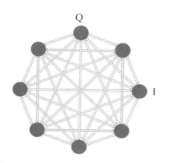

图 4.24 8PSK 和 8DPSK 的星座图

4.3.2 角度调制

当调制信号作用于载波信号的角度或相位时,就会产生角度调制。角度调制具有恒定包络,即载波的幅度大小不受调制信号的影响。由于角度调制影响载波角度的性质,需要在调制器中产生非线性效应。

如果调制信号调制的是相位,则该信号可以用式(4.13)表示。

$$s(t) = Me^{j[\omega t + \Delta\phi d(t)]} \tag{4.13}$$

如果调制信号调制的是频率,则该信号可以用式(4.14)表示。

$$s(t) = Me^{j[\omega t + \Delta f \int d(t) dt]} \tag{4.14}$$

正如 BPSK 中的情况,"相移键控"发生在线性调制穿过 IQ 平面的原点时。频率调制是对载波信号频率的调制。相位调制是对载波信号的相位进行调制。相位调制不常用,因为频率调制具有更好的优势,相位的模被限制为 2π,频率则没有这样的限制。

非线性放大器可用于角度调制系统的发射机中,因为角度调制具有恒定包络。非线性放大器比线性放大器更节能,这使得非线性放大器对功率受限和电池供电的系统更具吸引力。

1. 频移键控

频率调制的基本原理如图 4.25 所示,频率调制将振幅值转换成频率值。调制信号的振幅被限制在 -1 ~ $+1$。然后,振幅乘以频率偏差 Δf,输出值决定调制信号的中心频率。如图 4.25 所示,将调制信号绘制在已调制信号上。当调制信号具有高振幅时,已调制信号具有高频率;当调制信号的振幅较低时,已调制信号的频率也较低。

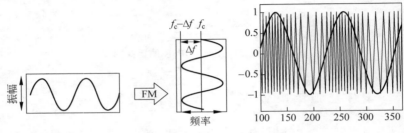

图 4.25　频率调制

对于 FSK,调制信号呈离散状态,传输的是离散频率。对于二进制系统,这些频率(或"音调")有时被称为"标记"和"空间"频率,这些是电报时代的术语。

产生调频信号的方法有很多种。FSK 可以通过硬件形式的压控振荡器(Voltage Controlled Oscillator,VCO)或者软件形式的数控振荡器(Numerically Controlled Oscillator,NCO)生成,这种技术称为连续相位(Continuous Phase)FSK,即 CPFSK,其过程如图 4.26 所示。振幅被限制在 $[-1, +1]$ 的调制信号通过将振幅乘以频率偏差来调节。然后,已调节信号用于驱动一个 NCO,该信号称为"相位增量" $\Delta\phi$。相位增量是 NCO 驱动的频率。NCO 随时间累积相位增量,近似于随时间的积分。调制信号可以是复基带信号,然后通过 DUC 上变频进行信道化。DUC 在有关射频层的章节中已经进行了讨论。

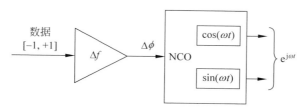

图 4.26 连续相位 FSK

提供给调制器的离散振幅的数量决定了 FSK"音调"或者将要传输的不同频率的数量。二进制 FSK 系统提供 +1 和 -1 的振幅。四进制 FSK 系统将提供集合 {-1, -1/3, +1/3, +1} 中的振幅值。

NCO 有时被称为直接数字合成器(Direct-Digital Synthesizer, DDS)。DDS 在文献[5]中有详细讨论。关于连续相位调制(Continuous Phase Modulation, CPM)的详细讨论超出了本书的范围。文献[6-8]中有关于 CPM 技术的一些有用参考。

2. 调制阶数和带宽

频率调制的一个重要参数是调制阶数 h。数字系统中 h 的计算由公式(4.15)给出。

$$h = \frac{2\Delta f_{\text{inner}}}{R_{\text{sym}}} \qquad (4.15)$$

变量 R 是符号率,变量 Δf 是音调间距的一半。

音调间距的一半是频率偏差。如果 FSK 调制两个及以上的音调,则内部频差是音调间距的一半,此处假设音调间距均匀。外部频差是从中心频率到最远 FSK 音调的距离的一半。内外频差可通过图 4.27 中四进制 FSK 系统的四个音调来说明。对于二进制 FSK 系统,只存在内部

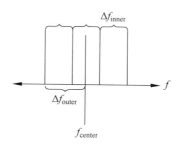

图 4.27 内外频差

频差,数据速率为符号速率。因此,调制阶数的计算简化为式(4.16)。

$$h = \frac{2\Delta f}{R} \qquad (4.16)$$

调制阶数决定了频率调制是"宽带"的还是"窄带"的。宽带调制频率信号,例如广播调频,具有较大的调制阶数。较大的调制阶数导致已调带宽比信息带宽大得多(几倍),这在接收机上有好处。"窄带"调频的调制阶数小于1。

蓝牙的调制阶数如表4.2所示。低功耗蓝牙的调制阶数介于0.45和0.55之间。蓝牙BR要求调制阶数介于0.28和0.35之间。低功耗蓝牙和蓝牙BR的数据速率均为1 Mb/s,二者都使用高斯脉冲成形。

表 4.2　蓝牙调制阶数

类　　型	频　　差	调 制 阶 数
蓝牙 BR	157.5 kHz	0.315×(1±11%)
低功耗蓝牙	250 kHz	0.5×(1±10%)

ITU-T G.9959 标准使用三种不同的数据速率,并为每种速率指定了频率偏差,如表4.3所示。R1 和 R2 速率的 FSK 方案不需要使用任何基带滤波。R1 速率的数据是曼彻斯特编码的。曼彻斯特编码中每一比特都有一个电平变化。曼彻斯特编码有助于符号同步恢复,并防止由相同值的长字符串引起的直流偏移。每一比特的电平变化意味着波特率是比特率的两倍,波特率将用于估计表 4.3 中 R1 的调制阶数。R3 速率的 FSK 方案使用高斯脉冲成形,稍后将讨论。

表 4.3　ITU-T G.9959 标准的调制阶数

标　　准	频　　差	调 制 阶 数
19.2 kb/s(R1)	20×(1±10%) kHz	1.0415
40 kb/s(R2)	20×(1±10%) kHz	1
100 kb/s(R3)	29×(1±10%) kHz	0.58

应该注意的是,调制阶数为 0.5 时会产生一种非常特殊的 FSK,称为 MSK。IEEE 802.15.4 标准中 OQPSK 的定义遵循最小移位键控的范例,稍后将讨论。

频率调制信号的带宽取决于数据速率和调制阶数。卡森定律如式(4.17)所示,提供了一种用于确定频率调制信号中约 98% 功率的带宽的方法。

$$BW_{98\%} = 2(\Delta f + f_m) \tag{4.17}$$

变量 Δf 是频率偏差,变量 f_m 是调制信号中的最高频率分量。

对于二进制 FSK 信号,卡森定律由式(4.18)给出。

$$BW_{98\%} = 2\Delta f + R \tag{4.18}$$

其中,R 是数据速率。

调制阶数将影响要使用的解调器类型。调制阶数 0.5 表示保持相干接收机中音调之间正交性所需的最小音调间隔[3]。在非相干接收机中,为了保持音调之间的正交性,调制阶数应为 1。

如果不保持音调之间的正交性,则一个音调相关器可能检测到部分其他音调的能量。这种能量泄漏可能会严重影响误比特率性能。

3. 高斯脉冲成形

角度调制信号的脉冲成形必须在 NCO 之前进行。NCO 对调制信号进行非线性处理,调制信号被解释为 NCO 输出的角度。高斯脉冲在阶跃响应中没有超调量,因此适用于 FSK 系统,其带宽对滤波后的调制信号振幅中的波纹引起的额外带宽比较敏感。使用高斯脉冲成形滤波器的 FSK 称为高斯 FSK(GFSK)。

使用 CPFSK 进行 GFSK 的调制器如图 4.28 所示。请注意,要传输的数据的脉冲列必须首先转换为方波。初始的矩形脉冲成形是用滑动平均滤波器完成的。高斯滤波器不形成"脉冲",而是形成矩形逻辑电平。因此,具体实现时通常将高斯滤波器与滑动平均滤波器进行卷积,而不是仅使用两个滤波器,如图 4.28 所示。

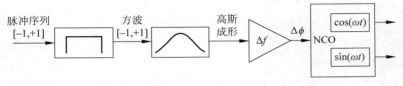

图 4.28　GFSK 调制

高斯脉冲成形可以显著限制 FSK 信号的带宽。蓝牙和 ITU-T G.9959 标准中的数据速率 R3 使用高斯滤波来限制调制信号的带宽。相比之下,较低的数据速率 ITU-T G.9959 标准中的 R1 和 R2 使用未过滤的 FSK,这会导致这两种模式的能量扩散超过原始调制信号的数据速率。但是,这两种模式(R1 和 R2)的数据速率较低,不需要带宽限制。

高斯滤波器不符合奈奎斯特 ISI 准则,该滤波器会产生符号间干扰,通过在接收机上使用更复杂的算法可以减轻对误码性能的影响。

4. 最小移位键控

当 FSK 信号的调制阶数设置为 0.5 时,称为 MSK,这是保持相干 FSK 相关接收机正交性的最小调制阶数[3]。

文献[4]使用改进的 OQPSK 调制器来产生 MSK,对 MSK 作为调制方案进行了极好的评述。还有许多其他 MSK 的实现方法。例如,图 4.26 中的 CPFSK 调制器也可以满足调制阶数为 0.5 的 MSK 指标。低功耗蓝牙使用与图 4.26 匹配的 MSK 方法。应注意,CPFSK 调制器产生的 MSK 波形与文献[4]不匹配,但是,二者都是 MSK 波形。此外,上述两种 MSK 的波形都不同于 IEEE 802.15.4 标准中 OQPSK 输出的波形。IEEE 802.15.4 标准为

OQPSK 定义了两种模式,其中之一是用半正弦脉冲成形滤波器改进的 OQPSK 调制器。这种类型的脉冲成形产生 MSK 波形。尽管上述所有方法的调制阶数均为 0.5,但这些波形在没有数据处理的情况下是不可互换的。为了将此讨论局限于物联网的调制方案,这里只详细介绍 MSK 的 IEEE 802.15.4 标准和低功耗蓝牙形式。

　　MSK 可以通过 CPFSK 调制器生成,过程如图 4.29 所示。频差设置为数据速率的 1/4,并且如前所述运行调制器,这使得二进制 FSK 信号满足 MSK 标准。这种方法称为差分 MSK,因为由上述 OQPSK 解调器解调时,得到的输出比特是差分编码的。如果由鉴频器解调,则得到的输出比特不是差分编码的。图 4.29 中的调制器是用于低功耗蓝牙的调制器。这种形式的差分 MSK 波形可以进行非相干解调,例如使用鉴频器解调。

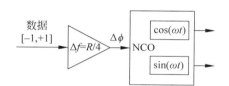

图 4.29　由 CPFSK 得到差分 MSK

　　该 MSK 调制器的输出如图 4.30 所示。调制信号以已调信号的瞬时频率编码。相位变化仅发生在半周期点上,这类似于采用半正弦成形脉冲的 OQPSK 方案。

　　IEEE 802.15.4 的物理层标准规定了 OQPSK 方案,产生了与差分或非差分技术不同类型的 MSK。该 MSK 调制器如图 4.31 所示。该调制器的符号需要两比特,因此,符号周期是比特周期的两倍。I 路和 Q 路采用半波正弦脉冲成形滤波器进行脉冲成形。比特脉冲是比特周期的两倍,以通过正弦滤波器移位。Q 路延迟

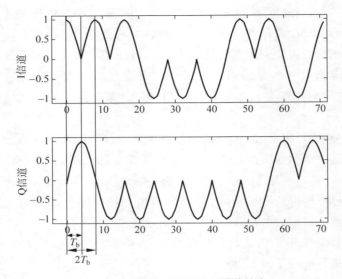

图 4.30　CPFSK-MSK 调制器的输出

半个符号,即一个比特周期。对于 IEEE 802.15.4 标准,此阶段的比特周期等于码片速率。IEEE 802.15.4 标准中的 OQPSK 使用直接序列扩频,这将在 4.5.2 节中讨论。该调制器的复基带输出如图 4.32 所示,Q 路输出延迟一个码片周期,半正弦波曲线形状跨越两个码片周期。

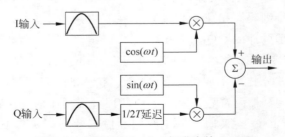

图 4.31　IEEE 802.15.4 标准中的 OQPSK

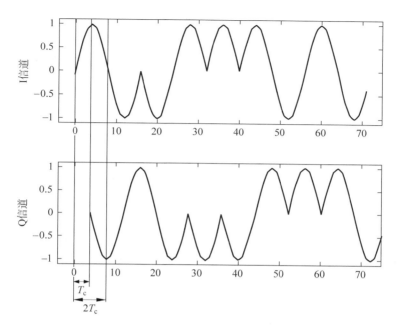

图 4.32　IEEE 802.15.4 标准中的 OQPSK 输出

4.3.3　符号错误概率

选择物理层时要考虑的重要因素之一是符号错误的概率。符号错误概率决定了错误率。错误率会降低吞吐量,这需要更高层的功能来减轻这种影响,相关策略将在媒体访问控制层的相关章节中进行详细讨论。

符号错误概率取决于接收机,而不是调制过程。调制类型的选择影响某些类型的接收机的选择,但最终决定符号错误概率的是接收机,更具体地说是接收机的实现。

当解调器错误地确定接收符号的值时会发生符号错误。各种类型的失真也会影响接收机测量信号值以及解调信号的能力。接收机存在的 AWGN 影响解调器区分不同符号的能力。当与 AWGN 耦合时，小尺度衰落会导致信号功率突然下降，并会进一步削弱解调器区分不同符号的能力。由多径信道或者调制方案引起的符号间干扰会将符号混叠在一起，使符号解析变得困难。相位和频率的偏移使得接收信号的星座图在复平面发生旋转，当与静态判定区域耦合时，会导致解调器错误地识别符号。接收机处的非线性失真，例如模数转换器处的跳变，会产生不需要的频谱成分，导致接收符号之间的不确定性。拥塞频带中的干扰可能导致接收信号中断，从而产生更多符号错误。因此，非常重要的一点是，当谈及误比特率时，还应考虑接收机的模型及其缺陷以及所使用的信道类型。

恒定包络调制对于发射机是有利的，因为它允许使用非线性放大器，但对接收机来说这并不重要。下面将重点介绍接收机的符号错误。

4.3.4　相关接收机

在文献[3]和文献[9]中详细介绍了相关接收机，线性调制和非线性调制的结构相同，输入信号与已知波形进行相关处理。然后，根据相关结果判定符号的幅度和相位。

图 4.33 所示的相关解调器有两个相关器，分别用于频率相同但相位相差 180°的信号。对 BPSK 中的双极性信号，这种方式是最好的。当 BPSK 信号为 0°时，逻辑高相关器返回正值，逻辑低相关器返回负值。当 BPSK 信号处于 180°时，情况正好相反。对于相关解调器，FSK 为正交信号。当 BFSK 发送逻辑高信号时，逻辑高相关器返回正值，但逻辑低相关器只返回噪声。这是因为假设 BFSK 信号中两个用于表示逻辑电平的频率是正交的。

BPSK 作为双极性信号，通过相关解调器后每比特的能量是 BFSK 的两倍，因为逻辑高相关解调器和逻辑低相关解调器都成功

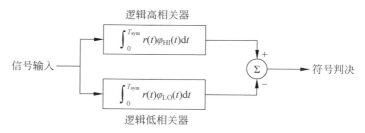

图 4.33 相关解调器

地与 BPSK 信号相关,只是极性相反。BFSK 信号只能使一个相关解调器成功地与信号相关,而另一个相关解调器则返回噪声。

相关解调器假设已经恢复了符号同步和载波频率。接收机同步将在 4.4 节中详细讨论。如果没有进行符号同步,则相关器的同步将出错。如果没有载波同步,则相关器的输出将受幅度的影响并且可能随时间发生相位反转。

4.3.5 反正切解调器

频率调制方案,例如 FSK 和 MSK,可以采用调制信号角度的导数进行解调。如式(4.19)所定义,信号具有可变角度的恒定包络。

$$s(t) = M e^{j\theta(t)} \tag{4.19}$$

角度函数提取 $s(t)$ 的角度,变量 $\theta(t)$ 是 $s(t)$ 的瞬时相位。角度的导数是瞬时频率 $m(t)$,如式(4.20)所示。

$$m(t) = \frac{\mathrm{d}\,\mathrm{angle}\{s(t)\}}{\mathrm{d}t} = \frac{\mathrm{d}\theta(t)}{\mathrm{d}t} \tag{4.20}$$

当用数字实现时,导数可以表示为一阶差分,如式(4.21)所示。

$$\Delta\theta = \theta[n] - \theta[n-1] \tag{4.21}$$

这种解调技术可以使用反正切解调器实现,如图 4.34 所示。

如式(4.22)所示,输入信号乘以样本延迟信号的共轭,然后取输出的反正切,并提取其角度,如式(4.23)所示。

$$e^{j\theta[n]}e^{-j\theta[n-1]} = e^{j\Delta\theta[n]} \tag{4.22}$$

$$\arctan\left(\frac{\text{Im}\{e^{j\Delta\theta[n]}\}}{\text{Re}\{e^{j\Delta\theta[n]}\}}\right) = \text{angle}(e^{j\Delta\theta[n]}) = \Delta\theta[n] \tag{4.23}$$

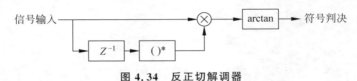

图 4.34 反正切解调器

值得注意的是,这个过程是非线性的。由于该过程是非线性的,因此热噪声不再遵循高斯分布。噪声将遵循莱斯分布,如4.1.2节所述。

4.3.6 FSK 的反正切接收机和相关
接收机的比较

这里将考虑两种类型的失真:噪声和相位/频率偏移。文献[10]提供了对这些差异的研究,相关结果如图 4.35 所示。图 4.35(a)显示了反正切接收机的结果。数字交叉差分乘法器(Digital Cross-Differentiate-Multiplier,DCDM)接收机是反正切接收机的改进形式,将在4.3.7节中讨论。文献[10]中仿真的数据速率为 1000 kb/s,调制阶数为 8。

与反正切解调器相比,相关解调器具有出色的误比特率性能下限。如果存在完美的载波和同步恢复,则相关解调器的误比特率曲线是最佳的。相关解调器要求在解调之前进行载波和同步恢复。载波和同步偏移将严重影响相关解调器的输出。如图 4.35所示,相关接收机的误比特率性能在载波偏移时发生恶化。载波和同步恢复将在4.4节中讨论。

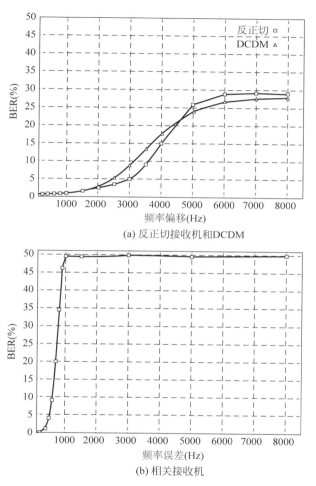

(a) 反正切接收机和DCDM

(b) 相关接收机

图 4.35　反正切接收机和相关接收机 BER 性能与载波偏移

反正切解调器不需要在解调之前进行符号同步，可以先解调信号，然后恢复符号同步。反正切解调器对载波偏移具有弹性。调制信号的瞬时相位 $s(t)$ 定义为瞬时频率 $m(t)$ 的偏移，偏移频率

为 ω，如式（4.24）所示。

$$s(t) = Me^{j\theta(t)} = Me^{j\{\omega t + \int_0^t m(\lambda)d\lambda\}} \tag{4.24}$$

角度的导数等于 $m(t)$ 与直流偏移 ω 相加，如式（4.25）所示。

$$\frac{\text{dangle}\{s(t)\}}{dt} = m(t) + \omega \tag{4.25}$$

当接收机同步时，意味着已经校正了载波和同步偏移，与反正切解调器相比，相关检测器具有更优越的符号误差性能。但是，接收机不会始终同步。用于无线物联网系统的低功率设备要求成本低廉，使得其无法准确地进行载波和时间估计。此外，当具有强视距和短距离时，接收信号的 SNR 将很高。在这种情况下，反正切解调器可能是更好的选择。

4.3.7 反正切解调器的效率

反正切函数是一个超越函数，意味着它不能用有限的代数运算来表达。那如何实现反正切函数呢？有若干种方法可以实现反正切函数，例如坐标旋转数字计算机（Coordinate Rotation Digital Computer，CORDIC）[11] 和查找表。或者，可以先实现反正切函数的导数[12]，如式（4.26）所示。反正切函数本身是超越函数，但反正切函数的导数可以通过有限的运算序列来表示。式（4.26）即文献[10]中提到的"数字交叉差分乘法器"。基于反正切函数的导数的反正切解调器具有很大的优越性。

$$\frac{\text{darctan}\left(\dfrac{Q}{I}\right)}{dt} = \frac{I(t)\dfrac{dQ(t)}{dt} - Q(t)\dfrac{dI(t)}{dt}}{I^2(t) + Q^2(t)} \tag{4.26}$$

该解调器如图 4.36 所示。复信号输入解调器。同相输入乘以正交相输入的时间导数，正交相输入乘以同相输入的时间导数。归一化操作是将这两个输入之间的差除以信号的瞬时幅度，这里没有展示出来。

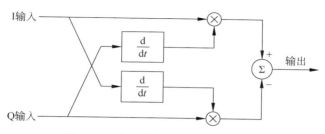

图 4.36　交叉差分乘法器 FSK 解调器

4.4　同步

　　什么是同步？为什么它很重要？同步是指接收机与发射机进行同步，以便接收到的信号可以被正确解调。同步有载波同步、符号同步和帧同步等几种形式。

　　为了解调信号，必须确定几个参数。解调器必须能够确定传输数据包的开始位置、中心频率及载波相位。解调器必须能够确定传输的符号同步。所有这些测定都是通过同步方式获得的。

　　本节将说明接收机中同步的重要性，并讨论实现同步的一些常用方法。

4.4.1　帧同步

　　考虑接收的比特流。假设接收机能够成功地将信号解调成比特，那么接收机必须将这些比特组织成字节。接收机如何确定字节的起始位置？接收机不能假设传输数据的开始位置，而需要某种机制来确定传输数据帧的开始位置。考虑一个"突发"系统，其中数据以单独的段进行传输，段与段之间保持静默。接收机需要能够确定是否发生了数据突发,而不是突发之间的噪声。

确定传输开始的问题可以通过将"同步字"(sync word)连接到数据分组上来解决,以允许接收机确定该数据分组的开始,如图 4.37 所示。蓝牙、ITU-T G.9959 和 IEEE 802.15.4 都使用这种模式。数据分组后面附加了两个同步数据:同步字和前导码。需要注意的是,在无线标准中,这一术语的使用并不一致。图 4.37 中使用的术语"前导码"是蓝牙、IEEE 802.15.4 和 ITU-T G.9959 的术语。

如图 4.37 所示,前导码用于训练载波恢复机制,如锁相环。载波恢复将在后面讨论。对于蓝牙和 ITU-TG.9959,前导码是一个 1 和 0 的交替序列。IEEE 802.15.4 标准最大的变化即前导码是一串为 0 的字符串。

前导码	同步字	数据

图 4.37　数据分组中的同步字

图 4.37 所示同步字是一系列低自相关旁瓣的值。这使接收机上的相关器能够执行交叉相关,并输出类似脉冲的函数。同步字的相关性除了决定传输数据的开始位置外还有其他优点。1953 年,Ronald Hugh Barker 提出了用于确定传输开始的首个处理方法[13]。考虑序列$\{1,1,1,-1,-1,1,-1\}$,该序列的自相关结果如图 4.38 所示。注意,图中有一个峰值,旁瓣远低于这个峰值,则自相关输出一个脉冲状的波形。

相关器的这种脉冲式输出有一个尖峰,此峰值可用于粗略地进行符号同步恢复。当通过相关器时,同步字被采样的次数越多,粗符号同步的分辨率就越高。

脉冲式输出也可以用来恢复无线信道的冲激响应,而无需均衡器,如图 4.39 所示,可由式(4.27)~式(4.29)计算得出。传输

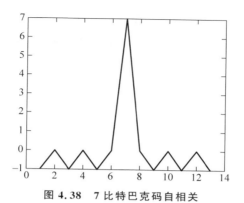

图 4.38 7 比特巴克码自相关

的同步字与信道冲激响应进行卷积,则同步字自相关产生的脉冲
形状自动生成该信道冲激响应的估计值。

$$b_{\text{Tx}}(t) \otimes b_{\text{Rx}}(t) = \delta(t) \tag{4.27}$$

$$b_{\text{Tx}}(t) \otimes h(t) = s(t) \tag{4.28}$$

$$b_{\text{Tx}}(t) \otimes s(t) = \delta(t) \otimes h(t) = h(t) \tag{4.29}$$

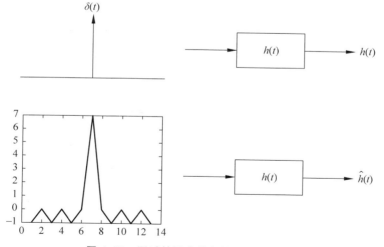

图 4.39 通过帧同步恢复信道冲激响应

　　大多数 IEEE 802.15.4 模式使用 8 比特序列{1,1,1,−1,−1,1,−1,1},几乎与 7 位巴克码匹配。IEEE 802.15.4 标准同步字自相关输出如图 4.40 所示。这个 8 比特同步字类似于原始的 7 比特巴克码,非常接近同步的目的,同时允许传输整个字节。

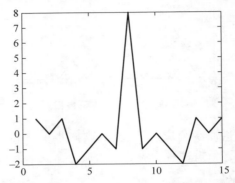

图 4.40　IEEE 802.15.4 标准的同步字自相关

4.4.2　载波同步与符号同步的区别

　　本节将考虑同步线性调制 BPSK 信号的载波同步和符号同步的情况。选择 BPSK 是因为低阶线性调制提供了一种很容易可视化不同同步误差影响的方法。在此示例中,将忽略帧同步。

　　以带噪声的 BPSK 信号为例。接收到的 BPSK 信号具有未知的载波偏移和未知的符号同步偏移。将接收到的信号绘制在复平面上,如图 4.41 所示。该信号无法被识别为 BPSK 信号。该信号似乎是一个巨大的噪声球。因为载波频率偏移使星座图围绕复平面的原点发生旋转,而符号同步偏移导致无法在最佳符号采样点采集样本。信号只能在两个符号之间的转换中被取样。

　　如果接收机能够校正载波偏移,但没有校正符号同步偏移,则该信号将出现在跨过实轴的噪声线上,如图 4.42 所示。信号在复平面不再围绕原点旋转,但是还会在两个符号点的转换中进行采

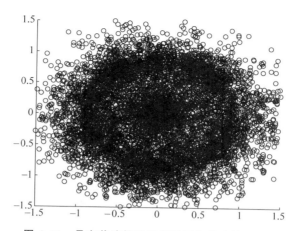

图 4.41 具有载波偏移和符号同步偏移的 BPSK

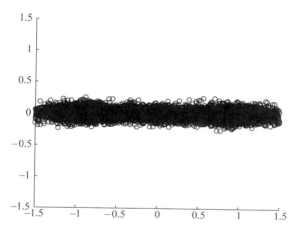

图 4.42 具有符号同步偏移的 BPSK（载波偏移已校正）

样。事实上，信号沿实轴混叠意味着接收机已同步到载波频率和相位。如果接收机能够校正符号同步偏移，但未校正载波偏移，信号将显示为围绕复平面原点的一圈旋转噪声，如图 4.43 所示。不再在两个符号点之间的转换中进行采样，但是这些符号点仍在旋转。当星座图旋转时,能够在最佳符号点对信号进行采样,这意味着接收机已与符号速率和符号相位同步。

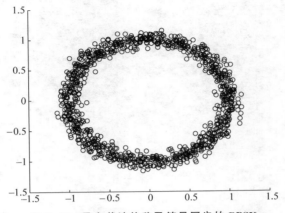

图 4.43　具有载波偏移及符号同步的 BPSK

当同时进行符号同步和载波同步时,接收到的 BPSK 信号就回到熟悉的两点星座图,如图 4.44 所示。如预期,两个符号点周围有一组噪声。

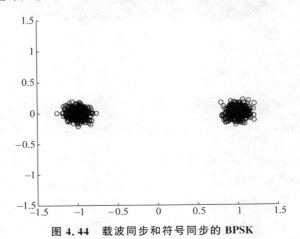

图 4.44　载波同步和符号同步的 BPSK

4.4.3 载波同步

4.1.3 节中建立的接收信号的复基带模型允许存在相位偏移和频率偏移。相位偏移是由载波信号的相位与接收机的本地振荡器的相位不匹配导致的。一个收发振荡器即使在同一个精确的频率下,也将有不同的相位。传播延迟也会导致发射机和接收机之间的载波相位差。相位偏移意味着调制方案(例如 BPSK)不会沿实轴进行。相位失配将导致 BPSK 矢量具有一个角度,除非该失配得到纠正,否则每个符号的能量在投射到实轴上时会减小,如图 4.45 所示。频率偏移是由载波频率和接收机的本地振荡器频率不匹配导致的。振荡器在既定的公差范围内以给定的频率产生音调。这个公差为实际频率产生的误差提供了一个范围,无论多小。另一方面,如果接收机或发射机正在移动,多普勒效应将导致额外的频率误差,这意味着同一频率的两个振荡器将产生频率不同的音调。这就产生了复平面上星座图旋转的效果。为了使接收到的信号与期望的星座图相一致,必须对相位和频率偏移进行校正。

频率偏移的影响会在相位偏移中累积。频率是相位对时间的导数。因此,信号的相位偏移量将随频率偏移量的增大而增大。初始相位偏移可能是比较小的,或者初始相位偏移已经被校正,但是频率偏移将导致相位偏移随时间增大。因此,频率偏移将导致信号能量的损失,并随着时间的推移而恶化,如图 4.45 所示。

如果只同步载波频率而不同步载波相位,则信号会有一个倾斜角,如图 4.46 所示。星座图在复平面上是倾斜的。载波频率已经同步,所以信号不再旋转。

校正载波相位而不校正载波频率会如何呢?载波频率偏移将导致接收机和信号相位不同步。接收机相位的周期性更新可以解释为载波频率校正的一种形式,前提是这种过程具有非零时间导数。

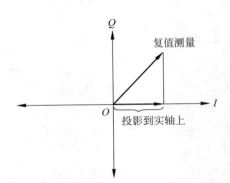

图 4.45   相位偏移投影到实轴上

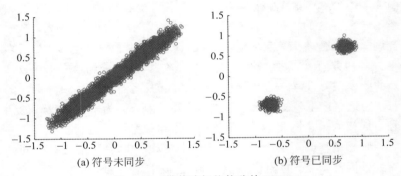

(a) 符号未同步   (b) 符号已同步

图 4.46   带载波相位偏移的 BPSK

如果相对于接收机更新本地载波相位的速率,载波频率偏移很小,那么这种相位恢复机制也是一种频率恢复机制。如果相位偏移是周期性校正的,只需观察随着时间的推移接收到的误差,接收机就可以以一种廉价的方式实现载波同步。这种机制是一种 Ⅰ 型锁相环(Phase-Lock Loop,PLL)。PLL 在文献[14]中进行了详细讨论。PLL 的基本结构如图 4.47

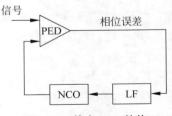

图 4.47   基本 PLL 结构

所示。将输入信号与 NCO 产生的预期载波进行比较。相位误差检测器(Phase Error Detector,PED)测量相位之间的误差并产生误差信号。误差信号由环路滤波器(Loop Filter,LF)进行滤波,滤波后的误差信号用于驱动 NCO。

　　NCO 在第 4.3.2 节中进行了讨论。环路滤波器是一个低通滤波器。环路滤波器的实现方式可以决定 PLL 的"类型"。根据文献[14]中的分类方法,I 型 PLL 是带有一个累加器的 PLL,可以校正相位偏移。II 型 PLL 有两个累加器,可以校正频率偏移。对于如图 4.47 所示的 PLL,NCO 中有一个累加器。II 型 PLL 在环路滤波器中有一个累加器。有多种方法可以实现相位误差检测器。相位误差检测器将误差信号的值确定为输入信号和本地生成载波之间相位差的函数。

　　高阶调制方案会使载波偏移估计复杂化。前述 BPSK 示例提供了在振幅中嵌入符号信息的简便性,为载波偏移信息留出了角度。即使如此简便,符号信息影响"幅值",而不是大小。因此,PLL 必须能够免受对 180° 的相移影响。这种类型的 PLL 称为Costas 环。

　　随着调制方案越来越复杂,接收信号的角度中嵌入了更多的符号信息,日益增加的复杂度超出了本书的范围。文献[15]非常详细地描述了这种日益增加的复杂性。

　　如前所述,差分调制方案可抑制相位模糊。如果接收机采用相位差分,那么差分调制方案还提供对静态载波相位偏移的抗扰度。基于相位差分的接收机不将信号投射在复平面的轴上,而是确定相位轨迹的平均值。因此,FSK 也能抵抗静态载波相位偏移的干扰。FSK 和 DPSK 都采用了非零时间导数的相位信号。

　　4.3.5 节讨论的反正切解调器的输出包含代表载波频率偏移的直流偏移,这种直流偏移可以用来调整接收机的中心频率。如果解调的输出通过一个低通滤波器来隔离直流分量,则该滤波器的输出可以循环回到信道化处理阶段,形成 PLL。

4.4.4　数据白化

数据白化被应用于采用了 FSK 的无线物联网协议中,例如蓝牙和 ITU-T G.9959。如果接收机采用载波同步环路,例如 PLL,则 PLL 可能通过过度校正来响应一长串的 1 或 0。这就是说,在长时间传输符号时,PLL 会不经意地将载波频率加在符号频率上。为了防止这种情况发生,一些无线物联网协议采用"数据白化",其目的是对传输的数据比特进行额外的随机化,将伪随机位序列与数据比特流进行异或。产生的随机比特将避免长串的 1 或 0。这种随机化将防止载波恢复环将符号频率锁定为载波频率。

4.4.5　符号同步

与载波有频率和相位类似,符号速率也有频率和相位。此外,发射机和接收机之间符号速率的频率和相位也存在不确定性。与载波相位和频率变化的原因一样,接收机和发射机之间的符号同步也会有变化。

考虑式(4.30)所示的取样过程。时间变量 t 被量化为由 T_{sample} 定义的整数个周期。采样阶数 n 和周期 T_{sample} 的乘积被 τ 抵消,以精确地确定信号 $s(t)$ 的采样时间。符号以某一频率产生,该频率的时间积分为相位。到达符号的速率决定了对符号进行采样的频率。到达符号的相位决定了采样点在符号内的位置。

$$t = nT_{\text{sample}} + \tau$$
$$0 \leqslant \tau < T_{\text{sample}} \qquad (4.30)$$
$$s(t) \xrightarrow{\text{采样}} s(nT_{\text{sample}} + \tau)$$

因为采样的是瞬时信号功率,所以符号中采样的确切点很重要。瞬时信号功率与振幅的平方成正比。图 4.48 中有两种图示符号,一种是矩形符号,另一种是曲线符号。矩形符号的所有点的瞬时信号功率相等,而曲线符号则不同。曲线符号的峰值到取样点的距离如图 4.48 所示。

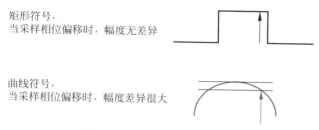

矩形符号,
当采样相位偏移时,幅度无差异

曲线符号,
当采样相位偏移时,幅度差异很大

图 4.48　不同形状符号的采样

图 4.49 比较了对曲线符号采样的两个样本。图 4.49 中曲线符号中心是最佳采样点,因为此位置的瞬时功率是最大的。与位于曲线符号中心的样本相比,曲线符号边缘处的样本的瞬时信号功率会有显著的降低。

次优　　　　　　　最佳

图 4.49　最佳和次优采样点

如果只恢复载波而未进行符号同步,那么信号将如图 4.50 所示。在符号内的不同点采集样本,采样周期和符号周期是不同的。当接收到的信号在一个星座点(符号)和另一个星座点(符号)之间穿越时,对其进行采样,将导致星座图穿越实轴发生混叠。

仅校正符号相位而不校正符号速率会怎么样呢?这个问题与载波同步问题相同。对符号相位的校正将导致对如图 4.50 所示问题的暂时修正。采样率偏移将导致接收到的符号相位不同步。如果具有非零时间导数,接收机符号相位的周期性更新可以理解

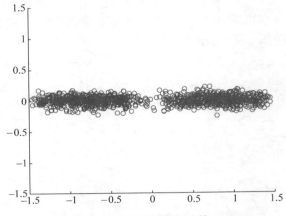

图 4.50　具有符号同步偏移的 BPSK

为对符号速率修正的一种形式。如果符号速率偏移相对于接收机
更新本地符号相位的速率较小，则周期相位恢复机制足以进行解
调。这种相位恢复机制可以通过帧同步来实现。假设发射机的每
个脉冲都伴随一个同步字，并且脉冲时间足够短，使符号速率偏移
不足以引起采样时间与最佳采样点的偏离，那么从帧同步中提取
符号相位信息可以为符号同步恢复提供有效手段。

　　对于逐符号的同步恢复，将使用类似于 PLL 的环路，该环路如
图 4.51 所示。输入信号通过任意的重采样器，在同步误差检测器
（Timing Error Detector，TED）中测试重采样器的输出。经过滤波
后的输出误差信号进一步控制重采样率。

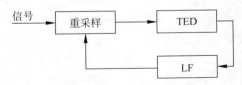

图 4.51　基本符号恢复环路

文献[16]给出了符号同步恢复环路操作的示例和理论背景。图 4.52 给出了符号恢复环路,多相 MF 和多相 dMF 既提供匹配的滤波器操作和多相重采样,也提供"超前-即时-延迟"TED 的组件。环路滤波器是控制系统中标准的比例积分滤波器。过滤后的误差信号通过多相 MF 和多相 dMF 滤波器的相位驱动累加器计数,产生重采样效应。

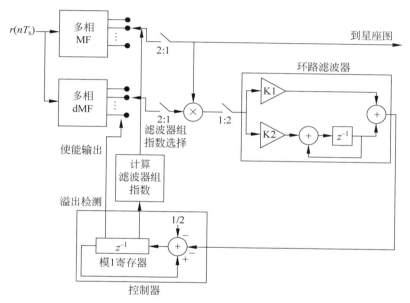

图 4.52　符号恢复环路[16]

设计重采样器和 TED 有几种方法,这里无法一一详细讨论。读者可阅读关于同步误差检测器的文献[17]进一步了解。文献[18]介绍了多速率数字信号处理和一些同步误差检测方法。

4.4.6　同步顺序

应首先进行同步校正还是载波校正呢?

本节以 BPSK 为例,因为 BPSK 的同步和载波偏移比其他调制方案更容易分离。载波偏移只影响 BPSK 信号的角度,而同步则影响测量的振幅,这使得系统设计者可以以模块化的方式处理这两种影响。

FSK 系统的反正切解调器也允许设计者以模块化的方式处理载波和同步偏移。

在其他情况下,校正同步和载波偏移可能成为鸡和蛋的问题。如果载波偏移太大,则无法估计同步;如果符号同步信息停留在信号的角度上,则载波估计就变得困难。在这种情况下,采用两阶段方法可能比较有利。使用帧同步字等方法进行时间的粗略估计。还可以使用同步字对载波进行粗略估计。通过这些粗略估计,解调器可以采用精细的跟踪环路来校正任意的延迟偏移。

4.5 扩频

扩频技术的目的是在存在频率选择性衰落与干扰信号的情况下提供恢复力。如图 4.53 所示,带宽内存在强干扰。为避免单一频率信道的失效影响无线链路,扩频接收机将能量分散到多个频率上,使链路能够继续工作。

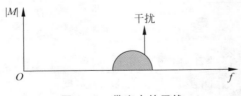

图 4.53　带宽内的干扰

本文将讨论与物联网无线标准相关的三种扩频技术:跳频扩频、直接序列扩频和并行序列扩频。

4.5.1 跳频扩频

跳频扩频(Frequency-Hopping Spread Spectrum,FHSS)是一种发射机和接收机通过预先确定的序列重新调整中心频率的技术。考虑图 4.53 所示的问题,一种解决方式是改变发射信号的中心频率,使多个频率信道在不同的时间被占用,效果如图 4.54 所示。被调制信号的带宽小于该信号跳频的总带宽。通过跳跃不同的中心频率,调制信号中包含的信息可以在跳跃干扰信号和频率选择性信道时传输,信号的总功率保持不变,被分配到多个频率信道中。因此,与图 4.53 相比,任何一个频率信道中的功率都会降低,如图 4.54 所示。

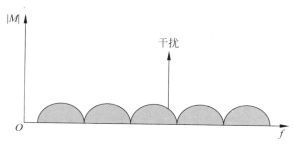

图 4.54 跳频干扰

跳频产生过程如图 4.55 所示。图中为一个 DUC,其中 NCO 的中心频率由序列发生器控制。NCO 按照频率调制的方式工作。相位增量决定当前的中心频率,并且可以在任何采样周期内更改中心频率。序列发生器包含伪随机跳频序列。

跳频允许调制信号保持恒定的包络,这使得跳频成为 FSK 调制方案的一种有吸引力的方法。图 4.55 中的调制器遵循 FSK 调制器范式。

信号跳到不同的中心频率,图 4.56 给出了这种频率跳跃与时

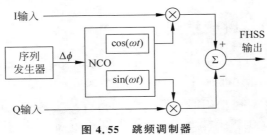

图 4.55　跳频调制器

间对应的例子。频率跳跃可以提供"频率分集",帮助无线链路抵抗干扰或频率选择性信道的影响。

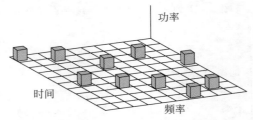

图 4.56　跳频序列示例

跳频会产生扩频增益,此增益不适用于链接预算。信号功率并没有变得更强,但频率分集会减弱干扰的影响。因此,在分析干扰的影响时,会使用扩频增益。FHSS 的扩频增益如式(4.31)所示,即跳频带宽与调制带宽的比值。

$$Gain_{\text{FHSS}} = \frac{BW_{\text{Hopping}}}{BW_{\text{Modulated}}} \tag{4.31}$$

接收机和发射机需要同时调到相同的 FHSS 序列,这需要在更高的层上处理并进行一些协调,将在下一章中讨论。

4.5.2　直接序列扩频

直接序列扩频技术是将调制信号用伪随机序列再次调制的一种技术。图 4.57 说明了通过直接序列进行扩频的概念。码片的符号速率比原来的调制信号高得多,其效果是将信号的能量扩散到更宽的带宽上,这也是"码片速率"的定义。直接序列扩频调制器如图 4.58 所示,该调制器遵循线性调制器的模式。直接序列扩频是一种常用的线性调制扩频方法。

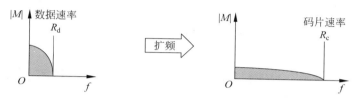

图 4.57 直接序列扩频

扩频过程是可逆的,解扩过程如图 4.58 所示。当应用解扩码时,信号恢复到原始的非扩频带宽。当信号解扩时,干扰信号被扩频,这会导致干扰功率分散在码片速率的带宽上。

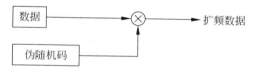

图 4.58 直接序列扩频调制器

信号的总功率保持不变,根据码片速率的定义,信号总功率分布在更宽的带宽上。图 4.59 显示了信号功率如何在频谱中扩散。扩频信号被扩展在更大的带宽上并且引入窄带干扰。对信号进行解扩后,所有信号功率将集中到一个较小的带宽中,同时使窄带干扰的功率扩散在更大的带宽上。

直接序列扩频的扩频增益如方程(4.32)所示,即码片速率与数据速率之比。

$$Gain_{\text{DSSS}} = \frac{R_\text{c}}{R_\text{d}} \qquad (4.32)$$

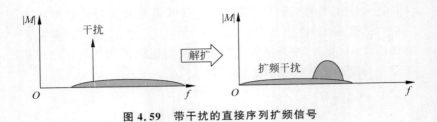

图 4.59 带干扰的直接序列扩频信号

4.5.3 IEEE 802.15.4 标准中的直接序列扩频

IEEE 802.15.4 标准将直接序列扩频用于 OQPSK 和 BPSK 的物理层，具有不同的代码。所有 IEEE 802.15.4 标准网络的直接序列扩频使用相同的码。BPSK 的直接序列扩频在传输逻辑高或逻辑低（极性相应地反转）时使用相同的扩频代码，该过程与图 4.58 一致。OQPSK 物理层则不同。

对于 IEEE 8023.15.4 标准的 OQPSK 物理层，要传输的数据划分为 4 比特的半字节。这些半字节被映射到查找表中的 32 比特的扩频码，相当于处理增益为 8（32/4）。然后，使用码片对载波进行调制。

4.5.4 并行序列扩频

IEEE 802.15.4 协议的某些模式采用了由 IEEE 802.15.4 标准定义的 ASK 调制方案。这种形式的 ASK 使用一个大的调制字和一种称为"平行序列扩频"[19]的扩频方法。与其他 M 进制方案一样，多个数据比特是并行的。每一个数据比特都由一个码片序列进行扩频。每个比特使用的码片序列对于调制字中的每个比特的位置都是特定的。然后，将生成的扩频序列相加。因此，每个码片都是一个 M 进制的 ASK 符号；然而，解调方式与此不同。解调过程利用码片序列的循环相关性。解调后的比特通过相关输出中的峰值求解。该过程如图 4.60 所示,本例中,5 比特的调制字的每一比特用特定于该比特位置的码进行扩频。这种扩频是并行的。然后,将这些扩频操作的结果汇总为一个组合流。将直流分量从该组合流中移除,并调整振幅。

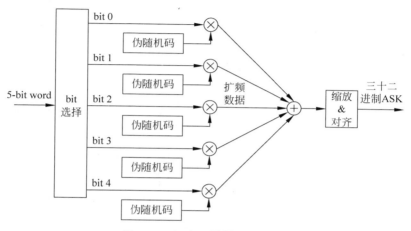

图 4.60 三十二进制 ASK 示例

参考文献

1 S. O. Rice, "Statistical properties of a sine wave plus random noise," *Bell Labs Tech. J.*, vol. 27, no. 1, pp. 109–157, 1948.

2 B. Sklar, "Rayleigh fading channels in mobile digital communications systems. Part I: Characterisation," *IEEE Commun. Mag.*, vol. 35, no. 9, pp. 136–146, 1997.

3 B. Sklar, *Digital Communications: Fundamentals and Applications.* Upper Saddle River, NJ: Prentice Hall, 2001.

4 S. Pasupathy, "Minimum shift keying: A spectrally efficient modulation," *IEEE Commun. Mag.*, vol. 17, no. 4, pp. 14–22, 1979.

5 J. H. Reed, *Software Radio: A Modern Approach to Radio Engineering.* Upper Saddle River, NJ: Prentice Hall, 2002.

6 T. Aulin and C.-E. Sundberg, "Continuous phase modulation—Part I: Full response signaling," *IEEE Trans. Commun.*, vol. 29, no. 3, pp. 196–209, 1981.

7 T. Aulin, N. Rydbeck, and C.-E. Sundberg, "Continuous phase modulation—Part II: Partial response signaling," *IEEE Trans. Commun.*, vol. 29, no. 3, pp. 210–225, 1981.

8 J. B. Anderson, T. Aulin, and C.-E. Sundberg, *Digital Phase Modulation*. New York: Plenum Press, 1986.

9 T. S. Rappaport, *Wireless Communications: Principles and Practice*. Upper Saddle River, NJ: Prentice Hall, 2002.

10 E. Lopelli, J. D. Van der Tang, and A. H. M. Van Roermund, "A FSK demodulator comparison for ultra-low power, low data-rate wireless links in ISM bands," in *IEEE Eur. Conf. Circuit Theory Des.*, Cork, Ireland, Sep. 2005, pp. II/259–II/262.

11 P. K. Meher, J. Valls, T.-B. Juang, K. Sridharan, and K. Maharatna, "50 years of CORDIC: Algorithms, architectures and applications," *IEEE Trans. Circuits Syst.*, vol. 56, no. 9, pp. 1893–1907, 2009.

12 R. G. Lyons, *Understanding Digital Signal Processing*. Upper Saddle River, NJ: Prentice Hall, 2010.

13 R. Barker, "Group synchronizing of binary digital systems," in *Communication Theory*. London: Butterworths Scientific Publications, 1953, pp. 273–287.

14 F. M. Gardner, *Phaselock Techniques*, 3rd ed. Hoboken, NJ: John Wiley & Sons, Inc., 2005.

15 J. Hamkins and M. Simon, *Autonomous Software-Defined Radio Receivers for Deep Space Applications*. Hoboken, NJ: John Wiley & Sons, 2006.

16 F. J. Harris and M. Rice, "Multirate digital filters for symbol timing synchronization in software defined radio," *IEEE J. Sel. Areas Commun.*, vol. 19, no. 12, pp. 2346–2357, 2001.

17 U. Mengali and A. N. D'Andres, *Synchronization Techniques for Digital Receivers*. New York: Plenum Press, 1997.

18 F. Harris, *Multirate Signal Processing for Communication Systems*. Prentice Hall, 2004.

19 H. Schwetlick and A. Wolf, "PSSS-parallel sequence spread spectrum a physical layer for RF communication," in *IEEE Int. Symp. Consum. Electron.*, Reading, UK, Sep.2004, pp. 262–265.

第 5 章

媒体访问控制层

　　无线物联网使用电磁波（Electro-Magnetic，EM）频谱作为媒介来传输数据。但是，只有一个频谱，所有应用必须共享。有许多不同的应用构建在无线物联网上，不同的应用如何减少对共享介质的访问争用？考虑一个拥挤房间的问题。许多人聚集在一个房间并且所有人都开始说话，为了能够被听到，人们越来越大声以至于在喧嚣中没有人能够被听到。对于人们来说，这个问题或许可以通过指定协调员或尊重掌握话语权的人来解决。这些概念与自主无线设备中的相关概念具有相似之处，媒体访问控制层中可找到这些相似之处[1]。

　　第 1 章介绍了无线物联网底层协议栈的统一模型，如图 5.1 所示。本章将介绍的协议栈中的相关层由阴影和箭头表示。本书自下而上介绍协议栈。本章将介绍的协议栈层与前两章非常不同。与物理层或其子层相比，媒体访问控制层具有不同的职责。

　　无线物联网协议倾向于明确地定义媒体访问控制层。就像物理层一样，定义这些层的标准对于不熟悉的人来说可能是晦涩难懂的。明确的标准定义可以帮助无线物联网应用的开发人员理解为什么物联网协议选择特定的媒体访问控制层标准。因此，本章将重点介绍无线物联网协议媒体访问控制层所必需的理论背景，

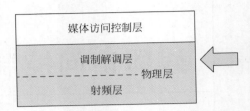

图 5.1　遍历协议栈：媒体访问控制层

并将这些理论与实际的无线物联网示例联系起来。

媒体访问控制层负责对共享媒介的访问。媒体访问控制层提供不同节点之间的同步以允许无线传输。随着访问方法变得越来越复杂，同步也变得越来越重要。例如，对于采用扩频的系统，节点之间可能需要同步。另外，各个节点可能需要来自无线网络中的控制器的许可才能在给定的无线信道上进行数据发送。媒体访问控制层负责与访问控制节点的协商。

封装在媒体访问控制层中的特定功能因协议而异。这些功能包括但不限于多址技术、扩频同步技术和纠错技术。纠错功能可能涉及前向纠错和循环冗余校验。前向纠错有时被作为物理层的功能，本书将纠错视为媒体访问控制层的功能。

5.1　频段及频谱规划

在通信系统工程师中有句老话：任何通信系统中最昂贵的部分都是"频谱"。请考虑以下问题：你的通信系统以什么频率在EM频谱中传输？需要什么类型的天线？信号在这些频率上传输的质量如何？最重要的是，访问这些频率需要多少成本？

只有一个 EM 频谱，多个服务必须共享。20 世纪初，无线业务出现初期，越来越多的无线业务之间需要仲裁。在没有任何仲裁的情况下，无线业务使用频谱时存在相互冲突的风险。因此，频谱的使用在大多数国家受到监管和规划。频谱规划通过为这些业务分配位置和频率来避免多个业务之间频谱的冲突和争用。国家监管机构为使用某部分频谱的业务分配许可证。

频谱被划分为由监管机构定义的"频段"，特定运营商被该监管机构授予使用特定频段的许可证，这些许可证不是免费的。在美国，这些频段的许可访问和通过拍卖会出售。这种成本对于企业家和正在发展中的行业来说是个问题。

监管机构保留一些频段用于"未经许可"的使用，这意味着运营商可以在某些操作限制（例如功率和带宽）下无须许可即可自由访问该部分频段。运营商在这些频段内部署系统，期望能够自行处理争用问题。不同国家已经分配了不同频段的频谱用于未经许可的使用。根据国际协议，不同国家的监管机构将协作为未经许可的用户留出相同的频带。对于这样的频段，不同国家对使用该频段的规则可能略有不同，但该频段的使用通常可跨越国界。国际公认的免许可频段的一个例子是 2.4 GHz ISM 频段。2.4 GHz ISM 频段可在大多数国家免许可使用，这意味着可以在国际市场上无差异地销售专用于 2.4 GHz 频段硬件的某个产品。2.4 GHz 频段在国际上可免许可使用，这使得该频段成为许多无线物联网开发人员的一个有吸引力的选择，同时使得该频段非常拥挤。这种拥挤和潜在的干扰如图 5.2 所示。

图 5.2 说明了蓝牙、低功耗蓝牙、IEEE 802.15.4 标准和 IEEE 802.11 标准的信道映射关系。IEEE 802.11 标准的信道编号在图 5.2 中标记为"Wi-Fi"，是最复杂的。IEEE 802.11 标准规定了重叠频率的信道，图 5.2 通过多列说明了这一点。2.4 GHz 频段中 IEEE 802.11 标准的信道编号为 1～14，但是图 5.2 中没有标示出信道 14。对于 2.4 GHz 频段，某些国家不允许使用 IEEE 802.11 标准的信道 14。此外，IEEE 802.11 标准的信道 14 超出了图 5.2 所示的其他协议的范围，并且没有说明存在干扰的可能性。在美国，

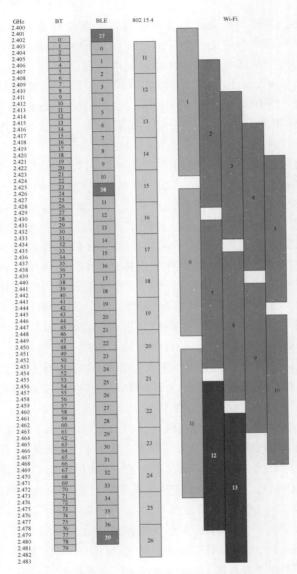

图 5.2　2.4 GHz ISM 频段信道映射

2.4 GHz ISM 频段不允许使用 IEEE 802.11 标准的信道 12 和信道 13。也就是说，在美国 2.4 GHz 频段中，IEEE 802.11 标准信道 1、信道 6 和信道 11 是最大的非重叠 Wi-Fi 信道集。这使得 IEEE 802.11 标准信道 1、信道 6 和信道 11 在许多网络配置中非常流行。图中这三个信道都用阴影表示，以突出它们的重要性。

图 5.2 中标记为"BT"的传统蓝牙信道代表蓝牙 BR 和 EDR。传统蓝牙信道在频段内按顺序编号，每个传统蓝牙信道的带宽为 1 MHz，信道编号为 0~79，共有 80 个信道。低功耗蓝牙在图 5.2 中标记为"BLE"，采用略微不同的方法。每个 BLE 信道使用 2 MHz 带宽。BLE 将信道 37、信道 38 和信道 39 指定为广播信道。这些广播信道不按顺序地放置在信道规划中。BLE 广播信道的位置规划是以特定方式完成的，以最小化和 IEEE 802.11 标准无线局域网的争用。其他 BLE 信道按顺序映射。BLE 信道编号（包括未按顺序映射的信道编号）为 0~39，一共有 40 个 BLE 信道。

蓝牙和低功耗蓝牙采用跳频协议，需要一系列信道进行跳频。由于此范围内存在 Wi-Fi，因此蓝牙和低功耗蓝牙将与 Wi-Fi 互相干扰。即使 Wi-Fi 仅使用三个流行的 Wi-Fi 信道之一，也存在这种干扰的高风险。蓝牙标准增加了自适应跳频技术以降低这种干扰的可能性，并提供 Wi-Fi 和蓝牙之间能够共存的一些改进措施，这一技术将在本章讨论。

IEEE 802.15.4 信道按顺序映射，如图 5.2 所示。2.4 GHz 频段中的每个 IEEE 802.15.4 信道使用 5 MHz。2.4 GHz 频段中的 IEEE 802.15.4 信道编号为 11~26，总共 16 个信道。基于图 5.2 以及 Wi-Fi 信道 1、信道 6 和信道 11 通用的知识，IEEE 802.15.4 信道 15、信道 20、信道 25 和信道 26 最容易与 Wi-Fi 共存。

还有其他特定于各地区的免许可的频段。欧洲规定的 SRD 是一个免许可频段，覆盖 800 MHz 范围的带宽。美国在 900 MHz 范围内提供免许可的 ISM 频段。为了在关于频段的讨论中更加简便并保持一致性,1 GHz 以下的区域免许可频段将被称为"GHz 以下未授权频段"。

在发展物联网应用时,开发人员必须选择一种方法来管理频谱接入。第一项工作是应用程序工作频段的选择。工作频段的选择可能会限制物理层中的一些功能。监管机构对不同的免许可频段有不同的发射功率限制,以防止在该频段中工作需要过于广泛的区域。频段中的拥塞是一个非常重要的问题,有许多论文分析了免许可频段中不同无线网络之间的干扰[2-3]。例如,蓝牙和Wi-Fi 在相同的 2.4 GHz ISM 频段内运行,众所周知,它们会互相干扰。虽然在国际标准化的 2.4 GHz 频段开发产品具有很大的市场吸引力,但必须先解决该频段的拥塞问题。

不同的标准对工作频段有不同的要求或建议,这通常取决于具体应用。例如,家庭自动化可以在 GHz 以下 ISM 频段工作,因为这些频率在室内具有更好的传输性能。ITU G.9959 标准重点关注家庭自动化,因此具有 GHz 以下 ISM 频段的工作频率。ITU G.9959 标准没有对工作频率提出任何具体的建议,因为 GHz 以下 ISM 频段在国际上并未标准化。Z-Wave 联盟推荐了不同国家的特定工作频率。

IEEE 802.15.4 协议在几个免许可频段中的多个信道上运行,并规定了在这些频段中运行的不同物理层。这些不同的物理层经过定制可以在相应频段中运行。

如果需要进行信道化,系统设计人员必须为信道化提供足够的带宽。如果系统设计人员知道工作频段会引起很大争议,则必须特别小心地接入,可以通过扩频或自适应系统来解决频谱的争用。

5.2　无线物联网的频谱接入

"冲突"是指两个节点同时在同一信道上进行数据传输,这两个发送的信号无意中相互干扰,导致无线链路损耗,这种情况称为

"冲突"。显然,需要协调发射机之间的频谱接入以避免这种冲突。无线物联网协议采用多种频谱接入方法。

信道化是缓解争用和冲突的常用手段。信道化可以采用频率信道、给定频率上的时隙或扩频等方式。

节点接入频谱时,可以基于频谱观测的结果智能地改变其传输频段,这被称为频谱感知和动态频谱接入。频谱感知是一种技术,通信系统中的节点监测频段的活动,然后动态地接入该频段。频谱感知在认知无线电技术中更为常见,文献[4]分析了此类系统在无线物联网中的角色。遗憾的是,频谱感知在计算上很复杂,并且不利于使用低成本设备。因此,采用一种更简单的称为 CSMA 的机制。CSMA 将在 5.3.4 节中讨论。

对于 2.4 GHz ISM 频段的业务,物联网协议可以使用多种频率。在该频段中,物联网协议可以指定多个信道,并将这些信道分配给各个物联网节点集合。但是,物联网节点将在该频段遇到明显的拥塞和干扰。因此,协议通常会指定一些扩频技术。

在 GHz 以下未授权的频段中,竞争较少,但信道分配的空间也较小。无线物联网协议旨在充分利用这种受限制的环境。例如,IEEE 802.15.4 标准在该频段中使用并行序列扩频方案。并行序列扩频技术已在第 4 章中讨论。并行序列扩频技术使得 IEEE 802.15.4 协议具有扩频技术的一些优势,同时保持相对较高的频谱效率。鉴于 GHz 以下频段的频率使用受到严格限制,并行序列扩频技术提供了一个很好的折中方案。

5.3　多路访问技术

物联网的应用必须选择一个可以运行的频段。这个频段规定了允许使用的频率和带宽。物联网应用工作在多个并行用户共享同一频段的环境中。问题是:"多个用户如何在同一个频段同时传输数据?"允许多个信道使用同一物理资源的过程称为多路复用。将这些有限资源动态地分配给用户称为多址接入。多址接入和多路复用之间的区别在于动态分配。

文献[1]、文献[5]和文献[6]提供了几种多址接入方案。本节将简要介绍 FDMA、TDMA、双工和 CSMA。

5.3.1 频分多址

FDMA 是一种信道化方法,其中每个用户由频率分开。FDMA 信道之间需要保护带[5]。图 5.3 为一个 FDMA 系统,其中同一个频段的不同用户由频率信道分开。第 3 章讨论了信道的概念。在图 5.3 中,三个独立的信道有三个用户。保护频带是指每个用户频带之间的间隔区域,有助于防止相邻信道的干扰。通过将所需信道下变频到基带和低通滤波来接入频率信道,第 3 章详细讨论了下变频过程。

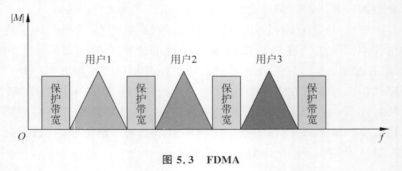

图 5.3　FDMA

IEEE 802.11 和 IEEE 802.15.4 使用 FDMA 进行信道化。IEEE 802.15.4 使用直接序列扩频来减少冲突,但并非为了信道化。

ITU G.9959 不是动态信道化的。ITU G.9959 确实采用频率信道,但不能被描述为 FDMA 系统。

蓝牙也指定频率信道,但蓝牙描述为通过跳频扩频进行信道化更合适,如第 5.4 节所述。低功耗蓝牙使用跳频扩频和专用信道,低功耗蓝牙的专用信道被称为广播信道。

5.3.2 时分多址

TDMA 是一种信道化方法,其中每个用户在不同时间接入某个频率。允许各个用户接入的时间段称为时隙。图 5.4 为一个 TDMA 系统,其中单个频率信道被分成不同的时隙供不同用户使用。各个时隙被组合为 TDMA 帧。用于无线通信的 TDMA 帧具有保护时段,以防止由于定时不准确而导致的传输冲突。

图 5.4 TDMA

与 FDMA 系统相比,TDMA 系统具有几个优点。TDMA 系统可以在一个载波上传输到多个节点。发射机上只需要一个载波放大器,可以避免交调失真。在 TDMA 系统中分配新的时隙信道比在 FDMA 系统中分配新的频率信道更容易。可以在第二代移动通信(2G)协议中找到 TDMA 系统的示例。出于上述原因,移动通信系统开始采用 TDMA 技术而不是第一代移动通信系统的 FDMA 技术。

"多址"和"双工"之间存在差异。时分双工将在 5.3.3 节中讨论。蓝牙不使用 TDMA,而是使用时分双工。

ITU G.9959 标准仅使用 CSMA。CSMA 系统在 5.3.4 节中讨论。

　　IEEE 802.15.4 标准包含媒体访问控制层的 TDMA 模式。由于 IEEE 802.15.4 标准的媒体访问控制在这些可选模式中具有一定的复杂性,因此 IEEE 802.15.4 标准多址方案将采用 5.3.4 节中的时隙 CSMA。

5.3.3　双工

　　如果无线系统中的节点始终是接收机或始终是发射机,则该系统称为单工[1]系统。单工系统是单向链路。单向寻呼系统是单工系统的一个例子。

　　同样,也有双向链路。如果系统中一次只能由一方进行传输,则该系统称为半双工[1]系统。步话机是半双工系统的一个例子。步话机通常用于一对多的通信链路中。步话机采用例如 CTCSS 之类的隐私代码来排除潜在接收者群体。

　　如果系统中的所有用户都可以随时进行传输,那么该系统称为全双工系统[1]。全双工系统的示例是电话呼叫,其中每个参与者可以随时通话,包括同时通话。同时通话可能会产生混淆,但无线系统的功能不会受此影响。

　　双工可以分离两个同时进行的传输。为了建立全双工系统,链路上的双方必须能够同时传输。在所有网络拓扑中,允许两个节点同时发送,并且必须具备"双工"能力以处理并发的数据流。有几种方法可以建立这种并发性。双工的方法有频分双工(Frequency Division Duplexing,FDD)和时分双工(Time Division Duplexing,TDD)。

　　在 FDD 系统中,双方在不同频率信道上同时发送数据。通信双方的收发机可在不同频率同时发射,以频率区分。FDD 如图 5.5 所示。FDD 在无线系统中很常见,但是它并未用于本书中探讨的任何无线物联网协议。

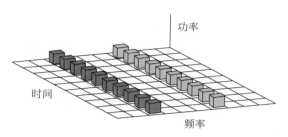

图 5.5　FDD

在 TDD 系统中,双方在同一信道上通信,但轮流使用该信道。因此,TDD 系统使用半双工链路;但是,它通过对数据的时间分配实现全双工通信。TDD 如图 5.6 所示。即使收发机是交替使用的,通信双方也认为他们可以同时进行通信。

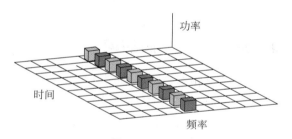

图 5.6　TDD

本书探讨的大多数无线物联网协议都不采用双工技术。蓝牙是个例外。蓝牙采用 TDD。蓝牙 TDD 系统如图 5.7 所示,该图来自文献[7]。蓝牙网络是星状拓扑的一个例子。蓝牙网络由称为"主节点"的中央节点控制,订阅节点称为"从节点"。蓝牙是跳频系统,每个时隙代表一个跳频,跳频序列在节点之间共享。在图 5.7 中,主节点在奇数时隙上的共享跳频信道上发送数据,从节点在偶数时隙上发送数据。

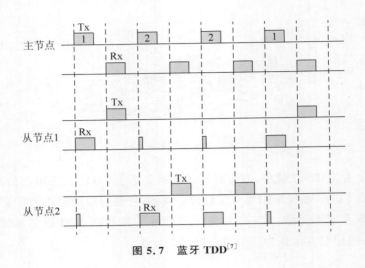

图 5.7 蓝牙 TDD[7]

5.3.4 载波侦听多路访问

考虑多个节点共享频率信道并且没有机制来指定和同步时隙的情况,避免冲突的唯一方法是节点轮流访问单个共享信道。CSMA 是一种多址接入机制,它解决了上述问题。在节点发送数据之前先"感知"频率争用信道。该方法能够在没有采用任何其他同步技术或没有频率使用的情况下缓解争用。单一共享媒介的问题不是无线协议所独有的。使用 CSMA 作为该问题的解决方案也不是无线协议所特有的。有线(非无线)标准 IEEE 802.3 也称为以太网标准,也使用 CSMA。以太网使用 CSMA 是因为存在共享媒介(互连的以太网电缆)和共享的频率信道。无线协议中的 CSMA 确实遇到了无线传输所特有的挑战,本节将讨论这些挑战。

CSMA 的基本思想如图 5.8 所示。网络中有三个节点: A、B和 C。节点 A 和节点 B 都希望向节点 C 发送信息。节点 B 先于节点 A 启动该过程。节点 B 感知信道中的能量,感知到信道是空的时,节点 B 开始发送。节点 A 也感知信道中的能量并检测到节点 B 在发送数据。然后,节点 A 等待一段时间,并重复该过程。直到感知到通道是空的,节点 A 开始发送,则节点 B 感知到了信道中的能量并等待。

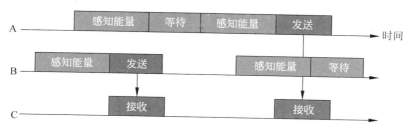

图 5.8 通过 CSMA 减少信道争用

CSMA 提供了一种缓解冲突的方法,但也会造成竞争条件。如图 5.9 所示,如果两个节点都要发送并且每个节点都检测到该信道未被另一个节点占用,则二者都将开始发送,结果就是产生冲突。

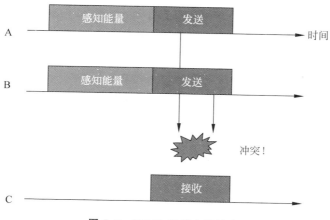

图 5.9 CSMA 系统中的冲突

考虑产生这种竞争条件的可能性，需要额外的冲突缓解技术。有两种常见的缓解技术：碰撞检测（CSMA/CD）和碰撞避免（CSMA/CA）[1,8]。在冲突检测系统中，发送节点必须能够监测自己的传输，就像预期的节点能够接收。如果传输与另一个传输冲突，则接收到错误。一旦检测到这种情况，发射机等待并再次尝试。碰撞检测是以太网中使用的解决方案，在无线系统中不适用。发射机可以从所有节点接收信号，且目标无线接收机能接收该发射机的信号，这种假设是不安全的。假设发射机可以知道目标无线接收机观察到的延迟和信道响应，这也是不安全的。在无线系统中重复碰撞和重试是昂贵的，因此无线系统需要替代方案，即碰撞避免。

为进一步分析问题，请考虑图 5.10 所示的无线网络。在图 5.10 中，存在 4 个无线网络节点：A、B、C 和 D。节点 A 和节点 B 的无线覆盖范围有重叠部分，每个节点位于它们各自范围的中心。节点 A 可以向节点 B 发送和从节点 B 接收数据。节点 B 可以向节点 A 和节点 C 发送和从节点 A 和节点 C 接收数据。当节点 A 尝试发送到节点 B 时，节点 C 不能感知到该信号传输。因此，节点 A 和节点 C 会在 CSMA 系统中发生冲突。这就是"隐藏节点"问题。

图 5.10 中的另一个问题是"暴露节点"问题。考虑当节点 B 尝试发送到节点 A 时会发生什么。如果节点 C 尝试发送到节点 D，则节点 C 将感知从节点 B 到节点 A 的传输并延迟发送，由于无线覆盖范围的限制，节点 C 和节点 D 之间的链路不会干扰节点 B 和节点 A 之间的链路。然而，因为节点 C 感知到节点 B 在发送，所以节点 C 延迟发送数据到节点 D。这种传输延迟是不必要的，因为网络中根本不存在拥塞，这就是"暴露节点"问题。

在无线系统中使用碰撞避免作为缓解 CSMA 竞争条件的手段。在 IEEE 802.15.4 等无线物联网标准中使用了这种碰撞避免

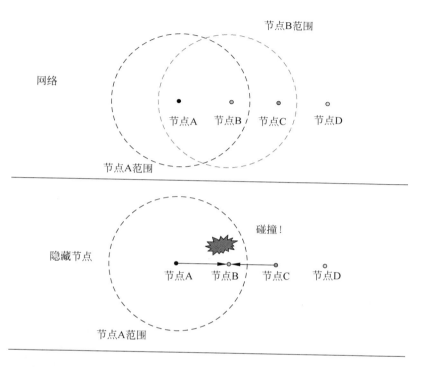

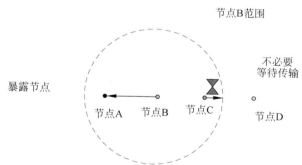

图 5.10 隐藏节点和暴露节点

方式。碰撞避免涉及额外的媒体访问控制层消息，包括确认（Acknowledgement，ACK）、请求发送（Request-To-Send，RTS）和清除发送（Clear-To-Send，CTS）。消息流程图如图 5.11 所示。发送方向接收方发送 RTS 消息。然后，发送方等待 CTS 消息。当明确可以发送时，接收方响应 CTS 消息，发送方发送数据并等待确认（ACK）。如果数据成功到达，接收方发送 ACK 消息。

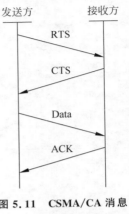

图 5.11　CSMA/CA 消息流程图

这种握手过程允许发送方知道接收方的状态。握手过程还向其他节点提供信道繁忙或空闲的通知。通过这种握手过程确定信道状态的过程称为"虚拟信道感知"。

虚拟信道感知允许网络中的节点像信道感知一样操作。当一个节点向另一个节点发送 CTS 消息时，范围内的所有节点都接收该消息。CTS 消息将以独占的方式寻址到发送 RTS 消息的节点。然而，CTS 消息范围内的所有节点都认为该信道忙。虚拟信道感知解决了图 5.10 中的隐藏节点问题。当节点 A 需要向节点 B 发送时，它遵循图 5.11 中的协议。节点 C 观察正在发送的 CTS 消息，即使节点 C 超出节点 A 的通信范围，也会将该信道视为忙状态。此方法也解决了暴露节点的问题。对于图 5.10 中的暴露节点，节点 B 正在向节点 A 发送信息。节点 C 超出节点 A 的通信范围，因此不会观察到 CTS 消息。因为节点 C 没有观察到来自节点 A 的 CTS 消息，节点 C 正确地将信道视为空闲状态，并继续向节点 D 发送 RTS 消息。

无时隙系统与时隙系统

无时隙 CSMA 系统如上一节所述，无须进一步调整。

时隙 CSMA 系统将发送尝试限制在时隙的开始。时隙 CSMA 为 CSMA 引入了时隙的概念，没有中央协调器指示哪个发送机可以使用哪个时隙，每一次传输必须争用可用时隙。而且，退避时间需为时隙周期的整数倍，这需要与网络中的中心节点进行一些协调。

IEEE 802.15.4 标准可以使用时隙和非时隙 CSMA 系统或者 TDMA 系统。IEEE 802.15.4 标准媒体访问控制层具有两种模式：启用信标和不启用信标。IEEE 802.15.4 标准不启用信标的媒体访问控制是 CSMA 系统。IEEE 802.15.4 标准启用信标的媒体访问控制可以是时隙 CSMA 系统或 TDMA 系统。启用信标的帧如图 5.12 所示，图 5.12 来自 IEEE 802.15.4 标准[9]。个人局域网协调器发送周期性信标。在两个信标之间存在"竞争访问周期"和"无竞争周期"。之所以被称为"竞争访问周期"是因为网络中的节点在该时间争用访问该信道。"无竞争周期"通过为特定发射机分配特定时隙来防止争用。"无竞争周期"包含"保护时隙"，允许节点在特定的分配时隙中进行传输，如图 5.4 所示。分配给发射机的时隙是可变的。

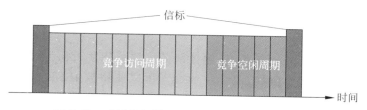

图 5.12 启用信标的 IEEE 802.15.4 标准 MAC[9]

5.4 扩频作为多址接入

扩频技术可以提供多种接入方法。在文献[6]中，这个概念被称为"扩频多址接入"。

5.4.1　跳频

　　跳频依赖于链路中所有节点共享的序列，该跳频序列是发射机和接收机都已知的。为了使发射机和接收机能调谐到相同的频率，跳频序列的先验知识是必要的。该跳频序列可以看作一种频率信道定义。两个 FHSS 系统可以在相同的跳频带宽中长时间工作是因为调制带宽不重叠。图 5.13 中有两个信号共享跳频带宽，两个信号通过阴影来区分，具有两个不同的跳频序列。这些序列可能共享时频对，这将导致冲突，如图 5.13 所示。这表明两个跳频系统也会相互干扰。

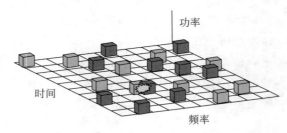

图 5.13　跳频多址接入

　　跳频覆盖很宽的带宽，因此跳频序列可能跳入由无关信号占用的频率信道。例如，蓝牙跳频序列可以使用被 IEEE 802.15.4 标准或 Wi-Fi 占用的 2.4 GHz 频段中的频率。这是跳频信道的另一种干扰源。

　　蓝牙采用一种自适应跳频的碰撞避免方法[7]。自适应跳频被归类为"非协作共存机制"，因为它不需要与其他系统协作使用相同的频段。在自适应跳频下，蓝牙系统可以感知和报告是否可以在某些频率上接收传输。为了避免碰撞，蓝牙系统可以构建频率列表。IEEE 802.15.4 和 Wi-Fi 使用固定的频率信道，可以感知并将这些信道添加到频率列表中以避免碰撞。

5.4.2　码分多址

直接序列扩频已在第 4 章中作为减轻信道干扰的手段进行了介绍。直接序列扩频使用相同的技术作为多址访问方案，被称为码分多址(Code Division Multiple Access，CDMA)。CDMA 在第三代(3G)移动通信系统中很常见。CDMA 是用户共享频率和时间的信道化方法，但是通过扩展码来区分。

IEEE 802.15.4 标准和 Wi-Fi 使用直接序列扩频。然而，本书中探讨的无线物联网协议没有使用 CDMA。IEEE 802.15.4 标准或 Wi-Fi 中采用的直接序列扩频技术的目的是减轻信号干扰和衰落。这些系统采用的直接序列扩频技术没有信道化能力。

5.5　错误检测和校正

当从接收信号(非发送信号)进行符号解调时会出现符号错误，接收机检测这些符号错误的能力称为"错误检测"。这些错误可能有各种各样的来源，可能是某种形式的干扰、衰落或噪声。

纠错是校正检测到的错误的能力。用于错误检测和校正的技术对错误的数量和类型有限制，可以先进行错误检测然后进行校正。

所有无线物联网协议中都会有某种形式的错误检测和校正。错误检测和校正是一个复杂的问题，有专门讨论该问题的论文，例如文献[10]。详细阐述这一广泛主题的所有理论和多样性超出了本书的范围。然而，它是所有无线系统的重要概念，因此必须针对无线物联网进行分析。本节将讨论该主题并深入研究无线物联网协议标准中具体的错误检测和校正的概念。

5.5.1　冗余

错误检测和校正的目标是通过冗余降低符号错误的概率。冗余即重复信息。

在无线系统中重复发送信息将降低频谱效率。频谱效率以每秒每赫兹的比特数来度量。频谱效率是数据速率除以信号的带宽的值。冗余意味着传送信息需要更多比特,所以降低了频谱效率。频谱效率(bps/Hz)降低意味着带宽(Hz)增加或传输量(bps)减少。

5.5.2　物联网中的错误检测和校正

无线物联网协议的标准采用不同形式的错误检测和校正。阅读这些标准时要记住的第一件事是,标准的制定者期望开发人员能够满足该标准。阅读标准可能是件令人生畏的事。如果针对一个具体应用去考虑该标准,将有助于揭开标准的神秘面纱。在无线物联网中考虑错误校正和检测时,需要考虑成本、功耗和延迟。

许多物联网设备都是低成本设备,这些设备无法承受很高的复杂性。因此,多数标准从节约成本的角度出发避免采用更复杂的错误检测和校正方案。

许多物联网应用程序无法承受复杂的迭代纠错方案所带来的延迟。因此,更简单的低延迟方案是优选的。

鉴于节约能耗是物联网的主要关注点,协议旨在充分利用传输功率。因此,协议被设计为最大化传输效率,使得功率不会浪费在不必要的冗余传输上。

5.5.3　错误校正的两种基本类型

有两种基本类型的错误校正方法:后向纠错(Backward Error Correction,BEC)和前向纠错。前向纠错可以在接收机处校正错误,而后向纠错依赖于发射机的重传来校正错误。前向纠错和后向纠错不一定是互斥的,可以在同一无线系统中使用。

后向纠错和前向纠错系统都依赖于无线系统在传输的信息中加入的冗余信息来校正误码。

5.5.4　后向纠错

在后向纠错中,由于无法在接收方校正错误,接收方必须在检测出错误时请求发送方重新发送信息。在接收包中检测到错误时,接收方发送自动重传请求。目前有很多自动重传请求协议。

为了使接收方检测到比特错误,发送方必须对正在传输的数据比特附加一些简短的摘要。该摘要称为错误检测代码。但是,发送方不会嵌入错误校正的方法。该摘要携带通过某种算法从数据比特生成的冗余信息。收到消息后,接收方对数据比特运行相同的算法,并将结果与接收到的摘要进行比较。如果两个摘要不匹配,即发生了误码。由于后向纠错系统中的接收方无法校正错误,因此计算摘要比特的算法专注于研究最大化可检测到的错误数量。

5.5.5　将数字数据表示为多项式

考虑多项式 $F(x)$,如式(5.1)所示。$F(x)$ 为 $N-1$ 次函数。系数 α_1 可以取值 0 或 1。

$$F(x) = \sum_{n=0}^{N-1} \alpha_n x^n \qquad (5.1)$$

式(5.1)可用于构造 $N-1$ 次多项式,以表示长度为 N 的二进制字符串。例如,值为 10010011 的 8 位二进制字符串可以表示为 $F(x) = x^7 + x^4 + x^1 + 1$。

将数字数据表示为多项式涉及"伽罗瓦域"的概念,也称为"有限域"。具体而言,在有限域错误码的研究中主要关注的是二元有限域,简称为 GF(2)。GF(2)上的多项式可以进行二进制字符串的运算。将二进制字符串视为多项式,可以将多项式的加法、减法、乘法和除法应用于二进制字符串。

和与差必须是模 1 运算。因此,加法和减法遵循异或(XOR)运算的规则,如式(5.2)所示。

$$
\begin{aligned}
1+1&=0 \\
1+0&=1 \\
0+1&=1 \\
0+0&=0
\end{aligned}
\tag{5.2}
$$

乘积遵循逻辑与(AND)运算的规则,如式(5.3)所示。

$$
\begin{aligned}
1*1&=1 \\
1*0&=0 \\
0*1&=0 \\
0*0&=0
\end{aligned}
\tag{5.3}
$$

多项式的乘法遵循多项式的标准规则,如式(5.4)所示,只要满足式(5.2)和式(5.3)即可。在式(5.4)中,多项式 $H(x)$ 是多项式 $F(x)$ 和 $G(x)$ 的乘积。系数 α 和 β 的乘积遵循式(5.3)。由多项式 x^{n+m} 之和产生的重复项由式(5.2)得出。

$$
F(x)=\sum_{n=0}^{N-1}\alpha_n x^n
$$

$$
G(x)=\sum_{m=0}^{M-1}\beta_m x^m
\tag{5.4}
$$

$$
H(x)=G(x)F(x)=\sum_{m=0}^{M-1}\sum_{n=0}^{N-1}\alpha_n\beta_m x^{m+n}
$$

例如,多项式 $F(x)=x^7+x^4+x^1+1$ 乘以多项式 $G(x)=x^1+1$ 得到乘积为 $H(x)=x^8+x^5+x^2+x^1+x^7+x^4+x^1+1$。可将 $H(x)$ 简化为 $H(x)=x^8+x^7+x^5+x^4+x^2+1$,因为两个 x^1 抵消了。

$F(x)$乘以 x^M 表示将 $F(x)$ 逻辑左移 M 位,得到的乘积多项式是 $N+M-1$ 阶。级联可以通过左移一个多项式,并将左移后的多项式与要追加的多项式相加得到。

例如,值为 10010011 的 8 位二进制字符串可以表示为 $F(x) = x^7 + x^4 + x^1 + 1$。值为 101 的 3 位二进制字符串可以表示为 $G(x) = x^2 + 1$。如果后一个 3 位二进制字符串要附加到前一个 8 位二进制字符串的末尾形成 10010011101,则 8 位二进制字符串必须左移 3 位以形成 10010011000。将二进制字符串向左逻辑移位 3 位可以表示为 $F(x) * x^3 = x^{10} + x^7 + x^4 + x^3$。在 $F(x)$ 移位之后,可以将移位的多项式与 $G(x)$ 相加以形成 $F(x) * x^3 + G(x) = x^{10} + x^7 + x^4 + x^3 + x^2 + 1$。

5.5.6 将比特错误表示为多项式

考虑无线系统中的比特错误,基于上述示例,通过无线系统发送二进制字符串。二进制字符串可以表示为多项式 $F(x)$,其中 $F(x) = x^7 + x^4 + x^1 + 1$。接收机解调无线信号,但是由于噪声会产生误码。接收机得到多项式 $R(x)$,它与预期的多项式 $F(x)$ 略有不同。

解调期间的错误产生误差多项式 $E(x)$。如果没有错误,则 $E(x)$ 为零。将 $E(x)$ 加到 $F(x)$ 上形成接收到的多项式 $S(x)$,如式(5.5)所示。$E(x)$ 的阶数等于或小于 $F(x)$ 的阶数。

$$S(x) = F(x) + E(x) \tag{5.5}$$

建立这个多项式后,可以开发代码来帮助发现多项式 $E(x)$ 是否在传输 $F(x)$ 时产生了误差。

5.5.7 循环冗余校验

循环冗余校验码是基于二进制字符串和除法的错误检测代码[11]。

多项式除法是将一个多项式除以另一个多项式,就像整数除法一样,运算将产生商和余数。

除法运算将产生商,其余部分将被忽略。模数运算可用于定义余数。要传输的二进制数据表示为多项式 $F(x)$,$F(x)$ 为 $N-1$ 次。将用于获取循环冗余校验值的"生成多项式"表示为多项式 $G(x)$。

使用多项式除法可以定义商 $Q(x)$,如式(5.6)所示。$F(x)$ 为 $N-1$ 次,$G(x)$ 为 $M-1$ 次。$F(x)$ 逻辑左移 K 位,移位产生的乘积除以 $G(x)$。此除法没有分数结果。

$$Q(x) = \left\lfloor \frac{F(x)x^M}{G(x)} \right\rfloor \tag{5.6}$$

式(5.6)中的除法定义了商,但也需要定义余数。余数 $R(x)$ 可以使用模运算定义,如式(5.7)中所示,余数多项式为 $M-1$ 次。

$$R(x) = [F(x)x^M] \bmod G(x) \tag{5.7}$$

商和余数与逻辑左移位乘积有关,如式(5.8)所示。商和生成多项式的乘积与余数多项式相加,以产生原始的逻辑左移位乘积。

$$F(x)x^M = Q(x)G(x) + R(x) \tag{5.8}$$

将 $R(x)$ 加到逻辑左移位乘积中可以抵消余数,可以用式(5.9)表示。得到的和可以完全被生成多项式 $G(x)$ 整除。式(5.9)中的和是将被发送到接收机的消息。

$$F(x)x^M + R(x) = Q(x)G(x) \tag{5.9}$$

解调之后,接收机处的多项式为 $S(x)$,是 $F(x)$ 进行逻辑左移后与余数 $R(x)$ 和误差多项式 $E(x)$ 之和。总和如式(5.10)所示,$E(x)$ 的阶数等于或小于逻辑左移后 $F(x)$ 的阶数。

$$S(x) = F(x)x^M + R(x) + E(x) \tag{5.10}$$

为了检查比特错误,接收机求得解调器输出 $S(x)$ 与生成多项式 $G(x)$ 相除后的余数。该操作产生比特错误检测 $D(x)$,如式(5.11)所示。如果 $S(x)$ 完全可被 $G(x)$ 整除,则不会检测到错误。否则,如果结果 $D(x)$ 不为零,则检测到比特错误。

$$D(x) = S(x) \bmod G(x) \tag{5.11}$$

$D(x)$ 和 $E(x)$ 可能不相同。生成多项式检测比特错误的能力取决于该生成多项式的根,根多项式可由文献[11]获得。

5.5.8 校验和

"校验和"类似于循环冗余校验码,是附加到要发送的数据的错误检测码。与循环冗余校验相比,校验和计算复杂度较低。但是,校验和在错误检测的能力方面没有那么好。

目前,有各种各样的校验和算法,与无线物联网标准最相关的是"垂直奇数校验和"。

将要传输的二进制数据表示为多项式 $F(x)$,$F(x)$ 为 $N-1$ 次。$F(x)$ 被重构为一组 M 比特的值,长度是整数 L,N 可被 M 整除,使得 $N/M = L$。然后,将 $F(x)$ 表示为较小字的移位求和,如式(5.12)所示。

$$F(x) = \sum_{m=0}^{M-1} F_m(x) x^M \tag{5.12}$$

重组 $F(x)$ 的过程可视为将 $F(x)$ 重组为二进制值矩阵。例如,32 比特值将重组为 4 个 8 位字,如图 5.14 所示。值 0x62ECA57E (十六进制)由 4 个字节(8 位字)组成。然后,可以将该 4 字节值重新组织成二进制值的 8×4 矩阵。

0x62ECA57E

0	1	1	0	0	0	1	0
1	1	1	0	1	1	0	0
1	0	1	0	0	1	0	1
0	1	1	1	1	1	1	0

图 5.14 二进制 8 位字矩阵

然后,根据式(5.2),将所有 $F_n(x)$ 项相加计算校验和值,如式(5.15)所示。多项式 $C_0(x)$ 或者全是 1,即 $x^7+x^6+x^5+x^4+x^3+x^2+x^1+1$,或者全是零。偏移多项式 $C_0(x)$ 确定校验和是偶数还是奇数。

$$C(x) = C_0(x) + \sum_{n=0}^{N-1} F_n(x) \tag{5.13}$$

计算校验和的过程如图 5.15 和图 5.16 所示。图 5.15 中显示了垂直偶数校验和。对矩阵的每列进行计数。如果列中存在偶数个 1,则将校验和的该位设置为零;如果列中有奇数个 1,则将校验和的该位设置为 1。校验和 $C(x)$ 成为矩阵的第 5 行,加入第 5 行后,每列中 1 的个数是偶数,这与将公式(5.15)中的 $C_0(x)$ 设置为全零相同。

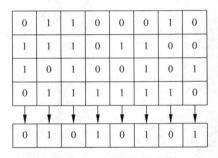

图 5.15　垂直偶数校验和

图 5.16 显示了此过程的"奇数"版本。和之前一样,对矩阵的列进行计数,但是需要奇数个 1。如果列中 1 的个数为偶数,则将校验和的该位设置为 1;如果列中 1 的个数为奇数,则将校验和的该位设置为零。校验和 $C(x)$ 成为矩阵的第 5 行,加入第 5 行后每列 1 的个数都是奇数。这与将公式(5.15)中的 $C_0(x)$ 设置为全 1 相同,即 $x^7+x^6+x^5+x^4+x^3+x^2+x^1+1$,该算法称为垂直奇数校验和。

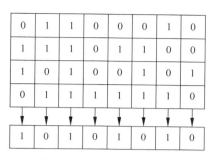

图 5.16 垂直奇数校验和

比特错误的位置对于校验和是否可以检测它们非常重要。这个问题如图 5.17 所示。在图 5.17 中，相同的数据在左边的矩阵和右边的矩阵中传输。这两种情况下都加入了两比特错误。对于左侧的情况，两个比特错误发生在同一列中，导致得到预期的奇偶校验位，这无法检测到错误。对于右侧的情况，两个比特错误发生在两个不同的列中，导致两个不正确的奇偶校验位，并且检测到两个错误。垂直校验和无论是奇数还是偶数，只能检测每列中的一个错误。如果同一列中出现偶数个比特错误，则会抵消对校验和的影响。因此，不能说校验和可以检测多少比特错误，因为检测这些错误的能力取决于错误发生的位置。

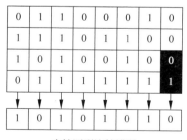

未检测到比特错误

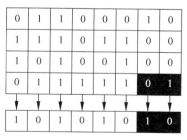

检测到比特错误

图 5.17 垂直奇数校验和的误码检测

5.5.9　前向纠错

在前向纠错中,发射机嵌入发送信号中用于检测和校正错误的方法称为纠错码。该过程将数据比特序列转换为更大的编码比特序列进行传输。明确地定义术语"编码比特"很重要。编码比特直接从原始数据比特生成,编码比特串将比原始数据比特串长。如果原始数据比特串包含在未被修改的编码比特输出串中,则该类型的前向纠错码被称为系统码。这一定义可形成多种前向纠错方法。

最简单的方法是将原始数据比特重复奇数次。该方法将未修改的数据比特直接合并到一个较长的字符串中,该字符串即编码比特。一些前向纠错方法通过将较小的导出比特序列附加到数据比特的末尾,从一串数据比特中创建一串编码比特。结果得到一个包含未修改的原始比特的字符串编码比特,并且比原始数据串长。除了可以纠正检测到的某些错误,此方法类似于循环冗余校验。一些前向纠错方法通过采用卷积技术导出一串编码比特,由这种过程产生的编码串将比原始数据串长,可能包含或不包含未修改的原始数据比特。

较大的编码序列是从数据比特中导出的,编码比特本身不包含新信息。这种将数据比特转换为较长的编码序列的过程会对发送的信息增加冗余。接收机对编码序列进行解码,并使用该编码检测并纠正已发生的任何比特错误。必须设计前向纠错编码,以便能够检测和纠正错误。检测和纠正比特错误的能力取决于添加的冗余量以及如何添加冗余。

1. 前向纠错的冗余

前向纠错码中的冗余量用编码率 r 来衡量。r 的定义如式(5.14)所示。

$$r = \frac{N}{K} \tag{5.14}$$

其中, r 是编码率, N 是数据比特的数量, K 是编码比特的总数。编码比特的数量总是大于数据比特数量。因此,编码率 r 始终小于1。

编码过程就是将数据比特 $F(x)$ 变换为编码比特 $C(x)$ 的过程。 $F(x)$ 为 $N-1$ 次, $C(x)$ 为 $K-1$ 次。 K 大于 L ,表示存在冗余。发送方将编码比特发送给接收方。某些类型的前向纠错将长度为 M 的摘要添加到长度为 L 的数据比特串中,其中 $K=L+M$ 。这种类型的前向纠错码称为分组码,因为它编码的是一个数据分组。将此摘要附加到数据比特串的末尾与用于循环冗余校验的过程类似。循环冗余校验码和分组码之间的区别,从功能上讲,分组码中的冗余被设计用于识别和定位编码比特中的错误。

系统的频谱效率(bps/Hz)由发送数据的比特数决定,而不是由发送的编码比特数决定。因此,较低的编码率意味着较低的频谱效率。

例如,系统使用1/2的编码率,并在 2 MHz 带宽上传输 1 Mb/s 的编码数据。因为系统使用的前向纠错编码率为 1/2,则实际数据速率为 0.5 Mb/s。因此,计算频谱效率为 0.25 b/s/Hz,系统的数据速率为 0.5 Mb/s。如果系统发送未编码的数据,那么数据速率将是 1 Mb/s 并且频谱效率为 0.5 b/s/Hz。1/2 的前向纠错编码将频谱效率降低一半。

目标是尽可能使编码率接近于1,同时最大限度地提高检测和校正错误的能力。

2. 汉明距离

接收机接收到的信号为 $S(x)$,是发送信号 $C(x)$ 加上误差多项式 $E(x)$ 的结果。当接收机反向进行编码过程时,可能能够检测并校正传输信号中的错误。为此,引入"汉明距离"的概念。汉明距离是两个二进制字符串比特位之间差异的度量。

检测和校正错误的能力与所使用的字符串之间的距离有关。纠错码可以检测并校正若干比特错误，由最小汉明距离确定。最小汉明距离是发射机发送的所有二进制字符串之间的最小汉明距离。

纠错码 D 可以检测出的比特错误的数量由式(5.15)给出，是最小汉明距离 d 的函数。

$$D = d - 1 \qquad (5.15)$$

式(5.16)给出了纠错码能够纠正的比特错误数量。C 是可以纠正的比特错误的数量，该值将浮动到最接近的整数。

$$C = \left\lfloor \frac{d-1}{2} \right\rfloor \qquad (5.16)$$

3.（3,1）重复码

冗余的简单示例是将信息重复发送三次，接收机估计符号值三次，并且估值次数多的符号获胜。这称为(3,1)重复码。此名称使用格式(n,k)，其中 n 是总比特数，k 是原始信息比特。由此产生的冗余为接收机提供了三次符号决策的机会。

冗余是以降低数据吞吐量为代价的。在(3,1)重复码的例子中，吞吐量减少为 1/3，但在嘈杂的环境中成功接收的可能性更大。

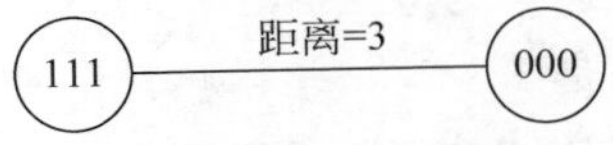

最小汉明距离如图 5.18 所示。图中仅显示了两个数码比特状态：111 和 000，只有这两个状态被传输。

图 5.18　（3,1）重复码距离

（3,1）重复码的最小汉明距离为 3，因此该码可以检测最多两个比特错误并纠正最多一个比特错误。汉明距离为 3 的代价是数据吞吐量显著降低为未编码时能够传输的速率的 1/3。因此，与其他前向纠错编码方案相比，(3,1)重复码效率非常低，其他前向纠错编码方案可以在相同汉明距离下实现更高的频谱效率。(3,1)重复码的主要优点是简单。

在前向纠错系统中,接收机将尝试检测并校正错误。接收机将接收到原始编码信息 $C(x)$ 和错误向量 $E(x)$ 的和。例如上述 (3,1)重复码,接收机将接收到可以在三维空间中绘制的比特,如图 5.19 所示。每个比特都表示为一个维度。逻辑低 0 与逻辑高相反。该空间中只有两个有效位置,即 (1,1,1) 和 (0,0,0),因为这是唯一可以传输的两个字符串。所有其他位置是误差向量 $E(x)$ 与编码信息 $C(x)$ 相加的结果。接收机选择与接收到的状态具有最短汉明距离的有效状态。

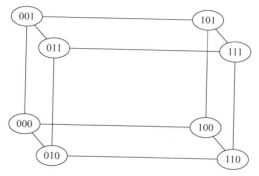

图 5.19 接收编码比特的状态

(3,1)重复码的顺序实现是每个比特在一行中重复三次,如图 5.20 所示。重复的比特被顺序放置,每个比特在下一个比特开始之前重复三次。

当顺序排列时,这些比特不能看作一串编码,而是以低数据速率发送的原始数据比特。顺序 (3,1) 重复码如图 5.20 所示,可以用于降低数据速率。这将在解调时提高每个比特的能量。

0	0	0	1	1	1	2	2	2	3	3	3

图 5.20 (3,1)重复码的顺序实现

如果信道不存在小尺度衰落,则可以采用这种顺序实现来增强数据分组的重要部分,例如报头。然而,这种顺序实现方法在更复杂的信道中可能存在问题,关于这部分的讨论超出了本书的范围,建议读者阅读文献[5]。

5.5.10 前向纠错和后向纠错的比较

所有无线物联网协议都使用后向纠错,但很少使用前向纠错。为什么呢?

和前向纠错相比,后向纠错可以用更少的冗余来检测更多的错误。后向纠错比前向纠错具有更强的错误检测能力。当后向纠错方法检测到错误时,消息将被重复发送。因此,后向纠错方法具有优势,可以在无线系统中更好地保证传送无错误的有效载荷。

前向纠错允许信号在不需要重传的情况下存在错误的可能性。从表面上看,这似乎更好。问题在于前向纠错在频谱效率方面比后向纠错有更高的前期成本。与后向纠错系统相比,不管以何种频率出现错误,前向纠错所需的冗余将降低吞吐量。对于期望有低错误率的无线系统,后向纠错方法是最佳的。

随着错误概率的增加,采用前向纠错的系统比仅使用后向纠错的系统表现更好。即使采用恒定冗余的前向纠错,具有高误码概率的系统实际上也可以实现更高的吞吐量。考虑随着比特错误的概率增加,仅使用后向纠错的系统中的重传次数将增加,意味着吞吐量将降低。前向纠错系统可以纠正比特错误,从而减少重传次数。

蓝牙和前向纠错

蓝牙使用(3,1)重复码作为蓝牙报头的前向纠错码。(3,1)重复码是通过顺序传输的比特来实现的,每个报头比特连续重复三次。蓝牙报头中使用的顺序(3,1)重复码如图 5.20 所示,可以降低数据速率并在解调时提高每比特的能量。

蓝牙 BR 和 EDR 同时使用后向纠错和前向纠错。蓝牙报头使用(3,1)重复码,蓝牙报文使用(15,10)汉明码编码,这是编码率为2/3 的前向纠错码。汉明码是分组码,如本章所述。与(3,1)重复码相比,(15,10)汉明码难以说明和可视化。有关汉明码的更多信息可以参考文献[10]。

低功耗蓝牙作为无线物联网对蓝牙标准的补充,并未强制要求使用前向纠错。低功耗蓝牙提供各种编码率,高达 1/8。低功耗蓝牙与许多其他无线物联网协议非常相似,它依赖于错误检测而不是纠错。前向纠错在后来的低功耗蓝牙版本中是可选的,目的是以数据速率为代价来扩大覆盖范围。

5.6 能源效率

电池可以在电池供电的无线收发机中使用多长时间? 这是一个必须要回答的问题。决定问题答案的是无线系统的功耗和能效。功耗是一段时间内消耗的焦耳数,能效是每比特吞吐量消耗的焦耳数。

第 4 章讨论了不同调制方案的能效。FSK 允许使用非线性放大器,因此使发送链更高效。然而,无线系统消耗多少能量并不局限于发射机,开启接收机也会消耗能量。决定无线系统的功耗和能效的不是物理层而是媒体访问控制层。

5.5.10 节比较了前向纠错和后向纠错在传输时间和重传方面的成本。所有传输时间都需要能量。每一个冗余比特都会耗费能量。尽管误比特率很高时,冗余可以减少重传来节省能量,但是冗余终究会消耗额外的能量。作为冗余成本核算的一个例子,蓝牙核心规范版本 5.0 包含低功耗蓝牙可选择的前向纠错[12],但是该规范提醒用户应仔细考虑编码对功耗的影响。考虑可选的前向纠错编码率可高达 $r=1/8$,也就是说每个数据比特被编码为 8 个比特,传输有效载荷编码比特所需的时间是传输数据比特所需时间的 8 倍,发射机和接收机将至少消耗 8 倍的能量。这一事实表明,冗余会耗费能源。重传也消耗能源,每次必须重传时,能源成本至少会翻倍。在循环冗余校验没有失败的情况下,尝试多次发送未编码的数据,会极大地降低能量效率。因此,低功耗蓝牙的前向纠错编码对长距离是有效的,但是对于短距离,在能量和电池寿命方面效率很低。

媒体访问控制层负责将网络中的空闲节点置于休眠状态,以节省电池寿命并减少不必要的功耗。因此,无线物联网的媒体访问控制层不需要连续监测电池供电的节点的传输状态。ITU G.9959 标准明确规定节点可以在大部分时间处于休眠模式[13]。休眠模式既不接收数据也不发送数据。IEEE 802.15.4 标准和低功耗蓝牙的蓝牙核心规范也包含节省功率的部分。关于功耗的常见解决方案是利用占空比,图 5.21 说明了这个概念。一段时间用于数据发送(Tx),一段时间用于数据接收(Rx),并且尽可能多的时间处于空闲状态。这个过程是周期性的。数据发送消耗的功率最大,数据接收消耗次之。随时间消耗的功率就是在该项任务上消耗的能量。

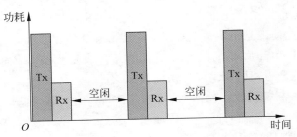

图 5.21 通用收发机休眠模式占空比

该占空比必须跨不同节点进行定时,不同节点可能不使用同一时间参考,这意味着同步状态将随着时间的推移而改变。如图 5.22 所示,节点 1 和节点 2 的时钟略有不同。由于这种轻微的变化,占空比滑动,二者不再对齐。

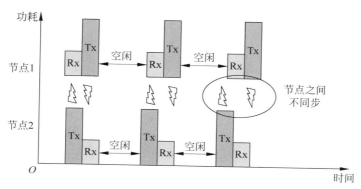

图 5.22 通用收发器占空比,节点不同步

对于占空比的同步问题有几种解决方案。5.3.4 节讨论了 IEEE 802.15.4 标准启用信标的帧。这些帧可以选择在"非活跃"时段关闭更多的功耗敏感节点,如图 5.23 所示[9]。数据在活跃时段内传输,然后所有启用信标帧的节点变为空闲,直到有下一个信标。节点独立运行,但可以通过信标保持同步。

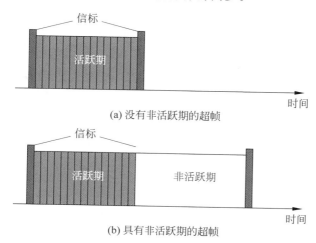

(a) 没有非活跃期的超帧

(b) 具有非活跃期的超帧

图 5.23 启用信标的 IEEE 802.15.4 帧中的非活跃期[9]

　　ITU G.9959 标准采用不同的方法。ITU G.9959 标准中的节点要么"总是在监听",要么"经常监听"(Frequently Listening,FL)。FL 节点有一个"唤醒间隔"。FL 节点使用唤醒间隔作为计时器来确定何时退出休眠模式并监听活动[13]。这些占空比在每个节点中独立运行。尝试联系休眠节点的节点将发送一组称为"波束帧"的特殊帧,其持续时间长于休眠周期。延长发送周期有两个目的,它为等待发送的数据保留传输信道,并确保休眠的接收者会接收到该波束帧,在波束帧结束后将开始发送消息。如图 5.24 所示,发送节点和接收节点大部分时间都处于休眠模式。发送节点有一些要发送到接收节点的数据,因此发送节点开始发送波束帧。在波束帧发送完成之前,发送节点不会返回休眠状态。接收节点的唤醒间隔期满,接收节点接收波束帧。接收节点不会返回休眠模式,因为存在待处理的消息。发送节点在波束帧的末尾发送消息。然后,接收节点和发送节点都返回休眠模式。

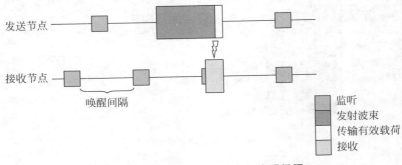

图 5.24　ITU G.9959 波束和唤醒间隔

　　低功耗蓝牙还可降低功耗。在最初的蓝牙规范中,微微网中的从节点需要在所有接收周期内监听主节点,以查看是否有任何待处理的数据[12],如 5.3.3 节中的图 5.7 所示。低功耗蓝牙改变了这种结构,主节点收听广播信道,从节点大部分时间都处于休眠状态。当需要连接时,从节点在广播信道上呼叫主节点以请求连接。然后，主节点与从节点协调连接。一旦建立了连接就发送数据，然后从节点返回休眠模式。

参考文献

1 A. S. Tanenbaum, *Computer Networks*. Upper Saddle River: Prentice Hall, 2003.

2 I. Howitt, "WLAN and WPAN coexistence in UL band," *IEEE Trans. Veh. Technol.*, vol. 50, no. 4, pp. 1114–1124, 2001.

3 S.-H. Lee, H.-S. Kim, and Y.-H. Lee, "Mitigation of co-channel interference in Bluetooth piconets," *IEEE Trans.Wireless Commun.*, vol. 11, no. 4, pp. 1249–1254, 2012.

4 A. A. Khan, M. H. Rehmani, and A. Rachedi, "Cognitive-radio-based Internet of Things: Applications, architectures, spectrum related functionalities, and future research directions," *IEEE Wireless Commun.*, vol. 24, no. 3, pp. 17–25, Jun. 2017.

5 B. Sklar, *Digital Communications: Fundamentals and Applications*. Upper Saddle River, NJ: Prentice Hall, 2001.

6 T. S. Rappaport, *Wireless Communications: Principles and Practice*. Upper Saddle River, NJ: Prentice Hall, 2002.

7 Part 15.1: Wireless Medium Access Control (MAC) and Physical Layer (PHY) Specifications for Wireless Personal Area Networks (WPANs), IEEE 802.15.1-2005, 2005.

8 J. Burbank, W. Kasch, and J. Ward, *Network Modeling and Simulation for the Practicing Engineer*. Hoboken, NJ: Wiley-IEEE, 2011.

9 Part 15.4: Low-Rate Wiress Networks, IEEE 802.15.4-2015, 2015.

10 S. Lin and D. J. Costello, *Error Control Coding: Fundamentals and Applications*. Prentice Hall, 1983.

11 W. W. Peterson and D. T. Brown, "Cyclic codes for error detection," *Proc. IRE*, vol. 49, no. 1, pp. 228–235, 1961.

12 Bluetooth Core Specification version 5.0, Bluetooth Special Interest Group, 2016.

13 Recommendation ITU-T G.9959 Short range narrow-band digital radio communication transceivers – PHY, MAC, SAR and LLC layer specifications, International Telecommunication Union, 2015.

第 6 章　总　　结

CHAPTER 6

　　第 1 章提出了一个描述无线物联网协议栈的统一模型,该模型如图 6.1 所示。该模型将无线物联网系统的功能分解为多个层次,本书的重点是由开放标准定义的较低层次。

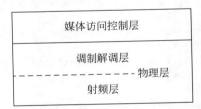

图 6.1　统一的协议栈模型

　　第 2 章介绍了本书所涵盖的标准的基本信息,以便于后面章节的阐述。随后的章节由下至上遍历了图 6.1 所示的协议栈,回顾了背景理论,并将该理论与相关标准中的规范相关联。这个过程的目的是帮助不熟悉标准的读者掌握标准的语言,理解标准中的通用线程,并最终阐明这些标准。

　　在本书的结尾,将提供一些关于选择合适的标准以及无线物联网上层标准化的最终想法。

6.1 选择正确的标准

如何选择适合特定应用的无线物联网标准呢？很遗憾，没有简单的答案。本书探讨的不同标准在可以满足的应用程序类型上有明显的重叠。本书的主要目的是帮助读者比较这些无线标准所涉及的细微差别。在比较标准时，可以考虑以下几个因素。

6.1.1 成本

系统越复杂，成本就越高。简单性可能不能满足所有的最优策略，但很大概率可以使成本最小化。第 4 章讨论了实现调制解调的低成本途径。

6.1.2 数据速率

系统中的节点多久传输一次数据，这些节点需要传输多少数据？在决定使用哪种技术时，主要考虑基于系统需求的分组数据速率和发送数据分组的频率。第 2 章列出了本书中讨论的标准所支持的数据速率。第 4 章讨论了如何进行速率同步。请注意，需要的同步越多，系统越复杂，系统的成本也越高。

6.1.3 工作频段与环境

开发人员必须考虑系统所处的环境。系统是室内使用还是室外使用？开发人员希望使用什么频段？开发者可以参考第 3 章中的链路预算，查看给定发射功率的工作范围和环境的影响。工作频段的选择也会影响对工作范围的计算，第 5 章讨论了工作频段。

6.1.4　网络拓扑

网络中应该有多少个节点？讨论的标准不同，则处理这个问题的方式也不同。有些标准能处理更多的节点。需要多少吞吐量？所讨论的标准提供了具有不同数据速率的多种模式。因此，在给定数据速率的情况下，不一定要对标准进行折中，也许不同的标准都可以实现所需的数据速率。第 1 章和第 2 章讨论了网络拓扑。这本书着重于对标准中较低层次的讨论。网络拓扑对一个系统很重要，但它在本书讨论范围之外。

6.1.5　能量效率

高发射功率会耗尽电池，低效的线性放大器也会耗尽电池寿命。如果电池寿命很重要，那么如第 4 章所述，使用恒定包络调制方案将是有益的。第 4 章讨论低成本的解调技术。对能量效率的考虑并不局限于物理层。事实上，为了达到应用程序的目标，系统必须依赖媒体访问控制层来尽可能少地消耗能量。第 5 章讨论了媒体访问控制层在最小化无线系统所用能量方面的作用。

6.2　高层标准化与物联网的未来

协议栈高层的标准化是一个活跃的发展领域，也是无线物联网未来的关键组成部分。本书阐述了在无线物联网协议栈的底层提供互操作性的标准。这种互操作性允许来自不同供应商的硬件连接在一起形成无线物联网，以支持各种应用。但是上层呢？

图 6.2 扩展了第 1 章中的协议栈，包括上层，从而为后续讨论提供基础。图 6.2 中的阴影部分是前几章讨论的底层标准中未涵盖的"上层"。

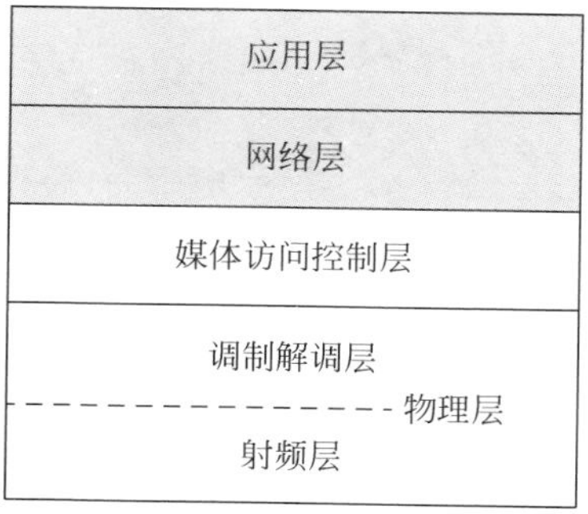

图 6.2　统一的协议栈

本书已经讨论了协议栈的所有内容，从媒介的物理接口开始到控制对该媒介的访问。进一步向上遍历协议栈时，上层的需求更加特定于应用程序。上层必须满足最终用户应用程序的需求。最终用户是否应该期望上层具有互操作性呢？

网络层就是上层标准化的一个例子。第 2 章讨论了 ITU G. 9959 标准从 2012 年到 2015 年的变化，增加了逻辑链路控制，作为除 Z-Wave 联盟定义的网络实现之外的另一种网络实现的手段。2015 年版的 ITU G. 9959 标准特别将网络层命名为 6LoWPAN。第 2 章还讨论了蓝牙核心规范 5.0 之外的低功耗蓝牙中包含的网状拓扑特性。

如果没有上层的互操作性，每个供应商都可以自由地要求不同的界面、不同的图形用户界面程序、不同的手机应用程序来与标准化的底层形成的网络进行交互。用户应该期望在上层实现互操作性，这并非没有道理。应用层的标准化对于无线物联网和终端用户具有重要意义。许多行业团体正在为自己感兴趣的协议开发这样的标准，例如"应用程序配置文件"。这种配置文件为应用程序的不同产品制造商和供应商提供了一些互操作性规则。独立的标准化机构也在努力进行跨行业组的上层标准化。这种上层标准化对无线物联网的未来很重要，是一个令人振奋的新发展领域。